本书由科技冬奥专项"冬奥会气象条件预测保障关键技术"课题
"冬奥气象专项影响预报及智能化气象服务技术研究与应用"资助出版

北京冬奥气象信息化建设
——技术、途径与最佳实践

缪宇鹏　陈婧　田东晓　黄明明　编著

气象出版社
China Meteorological Press

内容简介

本书以北京市气象局信息化建设和冬奥气象保障服务全过程为背景，总结和凝练气象信息化建设过程中的技术、设计、实现途径以及最佳实践。全书共包含九个部分：挑战与机遇、总体设计与布局、基础保障能力、计算能力建设、数据能力建设、系统安全、智慧冬奥气象系统、冬奥气象信息化建设的项目管理制度、圆满冬奥。

本书是一部冬奥气象信息化建设技术方法的研究专著，可以作为气象部门以及其他行业相关技术人员开展重大活动气象保障服务研究与实际应用的借鉴和参考。

图书在版编目（CIP）数据

北京冬奥气象信息化建设：技术、途径与最佳实践 / 缪宇鹏等编著. -- 北京：气象出版社，2023.8
ISBN 978-7-5029-8045-0

Ⅰ．①北… Ⅱ．①缪… Ⅲ．①冬季奥运会－气象服务－信息化建设－研究－北京 Ⅳ．①P451

中国国家版本馆CIP数据核字（2023）第177129号

北京冬奥气象信息化建设——技术、途径与最佳实践
Beijing Dong'ao Qixiang Xinxihua Jianshe——Jishu、Tujing yu Zuijia Shijian

出版发行：	气象出版社		
地　　址：	北京市海淀区中关村南大街46号	邮　　编：	100081
电　　话：	010-68407112（总编室）　010-68408042（发行部）		
网　　址：	http://www.qxcbs.com	E-mail：	qxcbs@cma.gov.cn
责任编辑：	蔺学东　王　聪	终　　审：	张　斌
责任校对：	张硕杰	责任技编：	赵相宁
封面设计：	楠竹文化		
印　　刷：	北京建宏印刷有限公司		
开　　本：	787 mm×1092 mm　1/16	印　　张：	7.75
字　　数：	195千字		
版　　次：	2023年8月第1版	印　　次：	2023年8月第1次印刷
定　　价：	80.00元		

本书如存在文字不清、漏印以及缺页、倒页、脱页等，请与本社发行部联系调换。

前　言

2022年，第24届冬奥会和冬残奥会在北京和张家口成功举办，在北京、延庆和张家口3个赛区经历大风、骤雪、降温等天气的情况下，气象服务团队以精细的技术和服务，全力保障赛事举办。往届冬奥会举办地多为海洋性气候。作为近20年唯一一次在大陆性季风气候带举办的冬奥会，本届冬奥会赛区的风速更大、风向更替明显。通过高精度数值天气预报、机器学习和深度学习等新技术方法在气象预测上的应用，本次冬奥会实现了"百米级""分钟级"精准预报，有力保障了赛事的成功进行。

为了这一目标，首都气象人已经做了多年的努力。从2015年我国申办冬奥会成功开始，乘着北京市"十三五"规划建设的春风，北京市气象局申报并成功实施了北京市气象局服务能力提升和冬奥会气象服务保障工程项目。该项目从气象服务能力提升和冬奥会气象服务保障两个方面开展建设。

气象服务能力提升的建设目标：结合"互联网＋气象"等信息技术的创新应用，实现为气象服务提供稳定、快速、便捷的信息支撑，推动精细化数值预报业务能力的大幅提升，为北京大城市精细化科学管理及城市安全运行、交通能源保障提供精细化、数字化的科学决策依据，快速降低高影响天气对城市安全运行带来的影响，最大程度降低气象灾害风险带来的损失。

冬奥会气象服务保障则致力于通过建设冬奥会专项探测系统、预报预测服务系统，为冬奥气象服务提供有力支撑，满足2022年冬奥气象服务的需求。通过项目建设，实现冬奥赛场及周边天气监测覆盖率90%以上，监测时效达到分钟级，满足国际奥组委对高质量气象数据的需求。对北京冬季重点区域天气系统和冬奥赛区山地复杂下垫面关键气象要素进行精细观测，弥补冬季山区水平与垂直监测密度的不足，为冬奥北京赛区灾害性和赛事高影响天气气候预测预报提供有效支撑。建设冬奥业务应用系统，为冬奥组委会规避气象灾害风险、应对极端天气气候事件提供有效支撑，满足冬奥组委规划部署、赛事运行、赛事保障和群众观赛需求，为成功办好一届精彩的冬奥会提供满意的气象服务。其中，硬件基础设施和数据环境、业务全流程监控等信息化方面的建设作为气象服务能力和冬奥会气象服务保障能力的底部基座，有力地支撑了智慧探测系统、交通能源精细化气象服务系统、智慧冬奥气象服务保障系统、冬奥业务应用系统等气象探测、预报、预警、服务等方方面面的实现。

本书第1章"挑战与机遇"较为详细地为读者展现冬奥气象服务和气象信息系统所面临的挑战，以及冬奥气象信息化的建设目标；第2章"总体设计与布局"介绍"双提升"工程的总体技术路线和冬奥气象信息化的整体布局，以此给读者提供一个整体的直观感觉；第3章"基础保障能力"介绍机房环境、基础网络、音视频会商系统这些基础保障能力方面的建设和提升；第4章"计算能力建设"介绍新建的高性能计算系统带来的算力提升，以及大数据计算框架和可视化；第5章"数据能力建设"从数据源头到采集、分发、加工、存储、管理、可视化的全流程以及贯穿始终的监控展示冬奥气象数据服务是如何实现的；第 6 章"系统安全"从网络系统、数据系统和应用系统三个层面介绍信息安全方面的情况；第 7 章"智慧冬奥气象系统"为读者展示冬奥专项信息系统、冬奥气象服务保障系统和冬奥业务应用系统的布局；第 8 章从组织管理的角度回顾冬奥气象信息化建设的始终；第 9 章回顾在冬奥会的举办中，气象信息技术的全新突破。

回首过去，展望未来，北京 2022 年冬奥会和冬残奥会已经过去，但"后冬奥"时代，正如中国气象局原党组书记、局长庄国泰在北京 2022 年冬奥会和冬残奥会气象保障服务工作总结大会上所说，我们要"总结好、坚持好、传承好北京 2022 年冬奥会气象保障服务宝贵经验，以更加昂扬的姿态巩固拓展北京 2022 年冬奥会气象保障服务成果，写好北京 2022 年冬奥会气象保障服务'后半篇'文章，传承精神、接续奋斗，为推动我国气象事业高质量发展作出新的更大贡献。"

编著者

2022 年 5 月 15 日

目 录

前 言

第 1 章　挑战与机遇　　　1
　1.1　冬奥气象服务面临的挑战　　　2
　1.2　北京气象信息的旧局面　　　4
　1.3　冬奥气象信息化的建设目标　　　4

第 2 章　总体设计与布局　　　8
　2.1　背景与需求　　　8
　2.2　技术路线与原则　　　9
　2.3　总体流程　　　13
　2.4　冬奥气象信息化的整体布局　　　15

第 3 章　基础保障能力　　　18
　3.1　机房环境建设　　　18
　3.2　基础网络建设　　　22
　3.3　音视频会商系统建设　　　26

第 4 章　计算能力建设　　　31
　4.1　高性能计算机　　　31
　4.2　大数据计算　　　37

第 5 章　数据能力建设　　　40
　5.1　冬奥气象观测及可视化　　　40

5.2	数据共享	44
5.3	冬奥气象数据服务的实现	58

第 6 章　系统安全　　61
6.1	网络系统安全	61
6.2	数据系统安全	71
6.3	应用系统安全	74

第 7 章　智慧冬奥气象系统　　77
7.1	冬奥专项信息系统	77
7.2	冬奥气象服务保障系统	79
7.3	冬奥业务应用系统	83

第 8 章　冬奥气象信息化建设的项目管理制度　　98
8.1	组织机构	98
8.2	管理制度	100
8.3	制度建设与过程控制	103

第 9 章　圆满冬奥　　105
9.1	技术的全新突破	105
9.2	国内国际社会的认可	111
9.3	结语	113

第 1 章 挑战与机遇

1949 年 12 月 8 日,中国气象局的前身中央军委气象局成立。新中国气象事业发展到现在,已经历了 70 余年时光。在新中国气象事业 70 周年之际,习近平总书记作出重要指示,强调气象工作关系生命安全、生产发展、生活富裕、生态良好,做好气象工作意义重大、责任重大,要求推动气象事业高质量发展。"十三五"时期是北京市深入贯彻落实党的十八大和十八届三中、四中、五中全会精神和"四个全面"战略布局,实施京津冀协同发展战略部署的重大历史时期,是把握建设全国政治中心、文化中心、国际交往中心、科技创新中心的城市战略定位和建设国际一流的和谐宜居之都的重要时期。"十三五"时期同时也是推进深化气象改革发展的重要时期,是气象现代化向前迈进的新阶段。在全球气候变暖背景下,极端天气气候事件多发频发趋势明显,应对气候变化、保障气候安全将面临更大挑战。新的改革和发展形势对北京市提升气象防灾减灾和公共气象服务能力,提高气象核心竞争力和业务科技水平,保障经济社会发展和推进生态文明建设等方面都提出了更高的要求。

北京 2022 年冬奥会沿用了部分北京 2008 年夏季奥运会比赛场馆,场馆气象探测网络等气象服务成果可进一步沿用,但冬季奥运会气象服务需求仍与夏季奥运会有较大不同,重点表现在以下两个方面:一是冬奥会以冰雪运动为主,需要更具针对性的特种运动气象服务保障;二是冬奥雪上运动多在山区开展,需要针对山区复杂下垫面的精细化预报服务技术。

对冬奥会雪上项目来说,气象条件至关重要,降雪、气温、风速、能见度等气象要素,不仅对运动员人身安全、赛程安排、比赛成绩、雪务工作有直接的影响,而且空中医疗救援、电视转播、城市运行的能源供应和交通运输等外围保障工作也和气象条件密切相关。冬奥气象中心综合协调办公室常务副主任王亚伟介绍,冬奥会对气象预报服务有高标准的要求,要有空间上精确到百米级、时间上精确到分钟级的预报能力,这对气象服务保障工作提出巨大挑战。 2017 年 6 月,中国气象局组建成立冬奥气象中心,承担北京 2022 年冬奥会和冬残奥会筹备和比赛期间气象服务工作。此后,经过四年多的学习、预报,预报员们已经基本摸清了各个赛区的气象规律。预报员心中总是装着气温、风、雪、云等天气要素,山间的"风吹草动"总能牵动着预报员的每根神经。比如,2021 年 12 月 28 日,北京延庆高山滑雪中心正在进行造雪,滑雪赛道上的压雪车来来往往,做着推雪、压雪工作。气象人站在赛道竞技结束区,全然不顾偶尔会在阵风的吹动下，造雪枪喷射出的粉状雪扑在他们的脸上。因为他们知道，准确预报出适宜造雪的气温，这是他们为冬奥会筹备提供优质服务的神圣任务之一。

对于上述挑战，北京市气象局聚焦北京 2022 年冬奥会气象服务保障，依托北京市气象局服务能力提升和冬奥会气象服务保障工程项目（以下简称"双提升"项目），大幅提升气象业务信息化能力和水平；以冬奥气象服务系统"北京开发、京冀互备、三地共用"集约化建设部署的工作思路，围绕京冀两地建设冬奥气象服务主备双活数据中心；为冬奥气象服务全力做好通信专线建设、网络安全保障、基础资源分配、视频会商调度、统一数据服务、全流程综合监控等各项工作。工程涉及基础 IT 环境、主机存储、信息网络、信息安全体系、云基础软件平台、专业业务软件系统、音视频会议系统等专业门类较多的大型综合性复杂信息化系统建设。

1.1 冬奥气象服务面临的挑战

1.1.1 冬奥气象服务的要求

从北京 2022 年冬奥会气象保障的要求来说，气象保障服务需要做到百米级的空间网格距精细预报，预报时效至少需要达到 10 天，这就是研发团队需要攻克的特殊难题。北京城市气象研究院副院长、国家重点研发计划"科技冬奥"项目（气象）负责人陈明轩介绍："从大气科学可预报性的角度说，空间越精细、预报时段越长，预报难度越大。更何况在地形复杂的山区，除了需要预报常规的风速风向、温度、湿度、降水外，还需要提供冬奥关注的阵性大风、能见度、降水相态、雪面温度等特殊气象预报，所以难度就更大。"在山地赛区，风的变化对运动员姿势、速度影响较大，因此，也是预报员重点关注的气象要素。"阵风往往就几分钟。在延庆海陀山的国家高山滑雪中心，从起点到终点，赛道的长度是 2.5 千米左右。从高山滑雪的竞速、竞技赛道，到训练赛道，左右总宽度是 2.25 千米。在 2.5 千米 × 2.25 千米这样一个范围内，预报员要做不同海拔高度的气象预报，而且要非常精准，这个难度是非常大的。我们需要研发至少在百米以内的空间网格预报技术，来为我们前方的预报员提供更好的科技支撑。"

陈明轩介绍，在往届冬奥会期间，客观气象预报基本以千米网格为主，时间更新频率是半小时至 1 小时。在国内，目前的高精度数值天气预报模型的网格分辨率最高是 3 千米，部分发达地区客观预报的网格分辨率可以达到 1 千米，时间更新频率基本是 1 小时或者 3 小时。"这说明我国的精细化气象预报达到了质的飞跃。"经过近四年科技攻关，冬奥气象科技团队研发出了高精度数值天气预报模型、多源气象数据快速集成融合模型、大气涡流尺度数值模拟计算模型、人工智能误差订正模型等关键技术方法，构建了冬奥气象"百米级"预报技术体系，形成了冬奥高精度气象预报系统"睿图－睿思"，实现了冬奥会山地赛场的 0～10 天"百米级"网格气象预报以及冬奥关键点位的 0～10 天定时、定点、定量气象预报，多项技术填补国内空白，核心技术完全自主可控。

1.1.2　冬奥气象服务的挑战

从气象角度讲，北京 2022 年冬奥会是近 20 年内唯一一次在大陆性冬季风主导的气候条件下举办的冬奥会。北京 2022 年冬奥会有三个赛区，除了在北京市区内进行的冰上项目外，延庆赛区、崇礼赛区的雪上项目均在野外山地举行。山地赛场的特点是风大、天气干冷，气候特征决定了北京 2022 年冬奥会的特殊难题就是山地小尺度的风和温度的精密监测、精准预报，而这在国际上也都是面临挑战的气象难点之一。纵观历届冬奥会的气象服务保障，国际上并没有成熟的、适用于北京 2022 年冬奥会的可移植技术方案。"所以此次北京 2022 年冬奥会的气象服务保障挑战大、科技攻关难度高，很多技术我国可以说是从零起步"，国家重点研发计划"科技冬奥"项目（气象）负责人陈明轩介绍。为此，在国家重点研发计划"科技冬奥"重点专项以及北京市和河北省相关科技项目共同支持下，气象部门内外十几家单位的 200 多名科技骨干和预报人员共同组成了冬奥气象科技攻关团队，开展北京 2022 年冬奥会气象监测和预报的核心科技研发工作。

想要精准预报，除了科技支撑，还需要预报员自身对当地气候特点了然于胸。从山地气象学和大气科学可预报性的角度来讲，目前最好的预报还是要通过预报员的经验，对计算出来的预报数据进行再订正、再加工，才能发布最终的预报。陈明轩说："包括在奥组委的官方网站，和给各个国家的参赛竞赛团队提供的预报，最终版都是来自于我们冬奥气象预报团队预报员订正以后的数据。"

王亚伟介绍，以北京和河北气象部门为主体，从国家气象中心、公共气象服务中心和内蒙古、山西、黑龙江、吉林抽调出业务骨干人员，组成了冬奥气象服务核心团队。自 2017 年冬季，他们每年在延庆、张家口赛区开展实地预报训练。通过赛场冬训、出国培训、英语培训、赛事观摩，不断提高团队业务水平。为什么要专门组建冬奥会气象保障服务团队？气象台预报员们平常的预报工作和服务冬奥有什么不同？事实上，预报员日常关注的是影响城市运行的灾害性天气，比如夏天的暴雨、强对流天气和冬季的寒潮。此次我国首次作为东道主举办冬奥会，要做好赛事的高影响天气精细预报，对预报员是一个巨大的挑战。尽管有技术产品作辅助，但最终的预报结果要靠预报员们的经验得出，对于气象预报员来说，摸清当地的气象规律十分重要。冬奥北京气象中心延庆区气象服务组副组长时少英说："我们预报员进山区，就好比北京地区的预报员到了西藏，他此时的预报经验几乎全部归零，要仔细研究当地的气候背景，才能做出精准的预报。"在延庆国家高山滑雪中心，阵风夹杂着人工造出的粉状雪穿梭于山间。在普通人眼中，风摸不到来处和去向，直到扑面而来时才能准确感受到风的存在。海陀山上，预报员们要做的，就是"抓"住一阵阵无形的风，为赛事做好预报。

1.2 北京气象信息的旧局面

气象信息化即气象＋信息化，可以简单地理解为气象行业信息化。北京市气象局一直非常重视自身的信息化建设，通过不断地建设和持续发展，北京市气象局已经在信息化建设方面取得了一定的成果，很好地支撑了气象业务的发展。随着信息化技术的不断发展以及信息化建设的投入不断加大，新的技术和系统将会不断地投入使用，导致所需维护的系统和对象将会不断增加。北京市气象局作为北京地区气象信息的权威发布机构，随着广大人民群众对于气象信息的关注程度不断增加，也使得气象信息系统的稳定运行越来越受到气象体系内外部人员的关注，进而对信息系统的运维管理提出了更高的要求，也进一步加大了运维管理的工作压力。

特别是对于北京 2022 年冬奥会和冬残奥会，北京市气象局需要提供相应的气象服务支持，这就使得对于北京市气象局 IT 系统以及气象业务的运行状态的监控管理变得越来越重要。而对于如此庞大和复杂的系统，要实现对其运行状态和气象业务的统一监控，就需要通过建设一套专业的运维管理系统来实现。

根据气象的特点和信息特性，为了达到信息的高效实用和区域信息共享的目的，在保证数据完整性和一致性基础上，对业务应用和数据流程进行分析，在同一数据标准基础上，设计和建设北京气象数据资源库，并对整个数据资源进行存储和管理，形成完善、高效、安全、可靠的数据资源汇集中心，使气象数据得到高效的利用和有效管理。

1.3 冬奥气象信息化的建设目标

信息化是充分利用信息技术，开发应用信息资源，促进信息交流和共享，推动经济社会发展转型和改进决策管理的历史进程。随着信息技术的飞速发展和广泛应用，信息化日益成为推动生产力发展、促进生产关系变革的重要力量。充分认识深入推进环境信息化建设在加强环境保护、推动科学发展、促进社会和谐中的重要作用，对于驾驭信息化，以信息化促发展，具有十分重要的意义。

信息化已经进入全面渗透、跨界融合、加速创新、引领发展的新阶段，创造了人类生活新空间，引发了社会生产新变革，开辟了政府治理新疆界。影响社会、经济和生活方方面面的气象信息，更成为政府社会治理、自然灾害治理的重要数据资源。没有气象信息化，就没有气象现代化。以气象信息化驱动气象现代化，建设智慧气象，是落实创新驱动发展战略和国家信息化发展战略的重要举措，是实现《国务院关于加快气象事业发展的若干意见》和《全国气象发展"十三五"规划》奋斗目标、提升气象服务国民经济和社会发展效益的必然选择。《全国气象发展"十三五"规划》提出现代气象业务的特征就是发展"观测智能、预报精准、服务开放、管理科学和持续创新"的智慧气象。气象信息化是实现智慧气象的基础、手段和路径，提供技术、数据、计算、通信和安全等全方位支撑。

1.3.1 北京市气象局信息化的建设目标

在云计算、物联网、移动互联、大数据、人工智能等新技术的推动下，本次北京市气象局信息化建设结合"互联网＋气象"等信息技术的创新应用，通过建设现代气象信息网络系统、智慧气象探测系统和智慧气象服务系统，为气象服务提供稳定、快速、便捷的信息支撑，为北京市政府相关委办局、城市安全运营保障单位和社会公众提供即时气象灾害防御、决策气象服务、公众气象服务、专业专项气象服务信息支持，并充分利用电视和多媒体信息网络系统，及时向公众和政府应急部门发布气象预警信息。

（1）形成泛在敏捷的气象感知能力

实现"观测智能"，要借助物联网技术特别是窄带物联网（NB-IoT）技术，解决各类观测资料质控后亚分钟甚至秒级到达预报分析平台，云端业务系统毫秒级响应，对社会用户需求的秒级响应；在遭遇龙卷、强对流大风等小尺度灾害性天气突袭时，跨区域信息高速互联、流程简约扁平；精准的气象为农服务，不但需要把传感器感知触及大气环境，还要深入土壤、水层；要通过互联网、移动互联网和物联网，感知专业气象服务领域（农业、旅游、交通、城市运行、卫生健康等）的环境要素，才能融合需求，提供精准的气象影响信息服务。

（2）具备高效可靠的云计算和超算系统

气象业务的科技高地正是数值天气预报。根据数值天气预报发展规划，2020年数值天气预报全球模式分辨率提升到10千米，区域模式分辨率提升到1～3千米，以及专业预报预测模式和智能网格气象预报发展需求，需要建立计算能力达20 PFlops和配套45 PB存储的高性能计算系统；满足未来五年40 TB/日递增、国家－省级总量达100 PB的气象大数据发展需求，需要建立安全可靠的气象大数据中心，构建集约共享、弹性动态、高效可靠的气象基础设施"专有＋公共"混合云平台，实现万人在线、千人并发的服务，向社会公众每日共享数据量超过1000 GB，并提供秒级处理、高频次访问和分析挖掘的大数据应用支撑。

（3）具备融合应用的专业大数据平台

传统的人机交互分析多种资料和预报员决策研判的工作模式，无法充分有效利用实时历史气象监测数据，需要在气象大数据平台上发展多源信息融合应用技术，提升灾害性天气监测的智能化水平，捕捉龙卷、雷电大风等短历时、小尺度的致灾天气过程。集成丰富的大数据分析工具，建设支持多源、多维度、多场景应用的开放互联气象大数据平台，实现气象部门气象大数据集中、高效管理和有效利用。发展融合多维时空气象数据、模式产品及下垫面环境信息的智能预报技术，提升气象预报的精细化水平和准确率。利用分布式计算和大数据管理技术，有效破解长时间序列历史资料、全球共享再分析资料以及卫星历史资料的时空多维度、大规模计算瓶颈问题。

（4）提供精准普惠的信息供给

借助现代信息技术手段，推动基本公共气象服务均等化，实现气象监测分析信息分钟内服务到社会，送达个人，每日向社会公众共享数据量超过 1000 GB，实现气象的普惠服务。借助与气象服务对象的互动反馈感知需求，依靠气象数据资源与行业数据资源关联分析和融合利用，为人民生活提供及时的个性化气象服务，为社会生产提供专业化的气象服务，为做好防灾减灾等公共安全预警和应急处置等提供决策支持，提升政府治理能力和水平。

（5）显著提升首都气象事业探测能力、信息基础支撑能力、公众气象服务能力

通过增加大气垂直遥感探测设备，提升目前仍较为薄弱的大气垂直探测能力，完善对高影响、灾害性天气系统三维立体监测；通过补充完善副中心地面探测系统，使副中心地区重要天气的地面实时监测间距由原 9 千米缩短至 5 千米左右，基本达到目前的主城区水平。通过以上两方面提升重要天气的实时监测水平，并为及时预警，增强气象服务能力提供基础支持。

（6）降低气象灾害风险带来的损失

通过高性能计算机等配套基础设施的建设，推动精细化数值预报业务能力的大幅提升，为公众提供 10 分钟快速滚动更新的、基于位置的、可个性化定制的实况及降水天气预报信息，提高预报预警覆盖面，提升公共气象服务满意度、减少灾害损失等。通过智慧气象服务系统建设，形成城市内涝、扫雪铲冰、能源联调等方面一体化的综合交通、能源气象服务体系，提高城市气象对城市规划服务的支持能力，为北京大城市精细化科学管理及城市安全运行交通能源保障提供精细化、数字化的科学决策依据。快速降低高影响天气对城市安全运行带来的影响，最大程度降低气象灾害风险带来的损失。

1.3.2 冬奥气象服务能力提升的建设目标

通过建设冬奥会专项探测系统、预报预测服务系统，为冬奥气象服务提供有力支撑，满足 2022 年冬奥气象服务的需求。通过建设，实现冬奥赛场及周边天气监测覆盖率 90% 以上，监测时效达到分钟级，满足国际奥组委对高质量气象数据的需求。对北京冬季重点区域天气系统和冬奥赛区山地复杂下垫面关键气象要素进行精细观测，弥补冬季山区水平与垂直监测密度的不足，为冬奥北京赛区灾害性和赛事高影响天气、气候预测预报提供有效支撑。建设冬奥业务应用系统，为冬奥组委规避气象灾害风险、应对极端天气气候事件提供有效支撑，满足冬奥组委规划部署、赛事运行、赛事保障和群众观赛需求，为成功办好一届精彩的冬奥会提供满意的气象服务。

冬奥气象中心组织冬奥延庆赛区、张家口赛区冬季综合立体加密气象观测试验，开展精细化三维关键气象特征监测和分析技术研究，构建复杂地形下小尺度三维气象特征模型；组织研发 0～24 小时快速更新短时临近数值预报系统和 24～240 小时无缝隙高分辨率数值天气预报技术，提供 0～24 小时高分辨率网格滚动分析及预报产品、

24～240小时数值天气预报产品；组织冬奥赛场定点气象要素客观预报及风险预警技术研究，提供0～240小时比赛场馆、赛道及其他重要区域的气象要素预报产品；研发冬奥气象专项影响预报产品，建设冬奥智慧气象服务系统；对接集成应用研发部冬奥系统平台建设，提供规范化的研发成果产品数据；开展冬奥中长期气候趋势预测技术和气象风险评估技术以及环境气象预报技术研究。

上述工作的开展形成了复杂地形冬奥气象立体监测、精细化预报预测、智慧气象服务等科研成果，为冬奥气象服务保障提供科学支撑。

第 2 章　总体设计与布局

信息化是当今世界经济社会发展的重大趋势。以互联网化、移动化、智能化为特征的信息技术创新应用，正在推动新一轮科技革命和产业变革。全球信息化已经进入全面渗透、跨界融合、加速创新和引领发展的新阶段。2008 年 IBM 提出"智慧地球"战略以来，互联网＋物联网＋各行各业的信息技术应用得到重视，云计算、大数据等新技术不断提升智能运算与数据挖掘能力。以"云、大、物、移、智"新技术为核心的信息化新技术日益成为驱动创新发展的先导力量，从"智慧地球"发展引申而来的"智慧城市"理念在我国城市信息化建设中得到广泛应用，智慧交通、智慧医疗、智慧教育、智慧物流、智慧旅游等信息技术应用逐步渗透到社会服务的各个角落，正在改变着人类的思维、生产、生活、工作和学习方式。建立国家互联网大数据平台，构建统一高效、互联互通、安全可靠的国家数据资源体系；构建农业资源要素数据共享平台，促进农业环境、气象、生态等信息共享，已成为国家信息化发展战略的重要任务。以信息化驱动气象现代化，建设智慧气象是气象行业落实国家信息化发展战略的重要举措。

北京市气象局气象服务能力提升和冬奥会气象服务保障工程（以下简称"双提升工程"）是北京市气象局"十三五"期间的重点工程。

2.1　背景与需求

1. 气象服务保障部分背景与需求

①伴随城市副中心建设（北京城市副中心的建设是为调整北京空间格局、治理大城市病、拓展发展新空间的需要，是推动京津冀协同发展、探索人口经济密集地区优化开发模式的需要而提出的）和北京城市发展，对气象灾害的监测、预报、预警能力的提升提出了越来越高的要求，也对天气预报的精细化、针对性、通俗性和指导性提出了新的需求，需要进一步研发精细化的预报预警产品。

②近年来北京地区极端强降水、高温等灾害性事件增多，严重影响城市的正常运行，北京城市副中心的建设必然伴随着交通、能源、人口等资源的转移，因此，需要

利用先进的精细化预报服务技术，在能源、交通等各方面为公众提供更加全面的气象服务。

③北京市气象局目前在城市气候环境评估与应用业务中，局限于单站的逐时风速、风向、气温等的监测，缺乏风环境和热环境空间分布及风热环境监测产品，远不能满足大城市气候服务的需求。

④气象服务能力提升保障工作需要有力的信息网络支撑，包括音视频会商系统、高性能计算机和符合条件的机房。

2. 冬奥会气象能力提升部分背景与需求

①本届冬奥会沿用部分夏季奥运会比赛场馆，场馆气象探测网络可进一步沿用，同时针对冬季奥运会具体赛事需求，以高山滑雪赛事为重点，增建自动气象观测站，并对部分关键地区自动气象站予以升级改造。同时在海坨山地区增建一套天气雷达，改造应急移动观测设备，多方位满足冬奥气象服务观测需求。

②北京、张家口地区冬季气象灾害较少，但可能发生山地少雪干旱、极端低温或过暖融雪天气，影响冬奥比赛的正常开展，需要深入研究冬奥气象风险，为组委会提供决策支撑。此外，冬奥雪上运动多在山区开展，需要针对山区复杂下垫面的精细化预报服务技术，并在此基础上提供有针对性的赛事气象服务保障，同时为冬奥赛事外围保障提供交通、环境、航空救援等气象服务保障。

③随着信息网络技术的发展，冬奥组委、参赛运动队及社会公众等气象服务对象都要求气象服务产品便捷、智能且按需提供，因此，需要基于互联网、物联网、大数据等新兴技术的智慧气象服务手段。

④冬奥气象服务保障工作需要有力的信息网络支撑，包括数据与产品资源池、便捷的数据环境和高性能计算机。

⑤作为冬奥气象服务的重要场所，需要建设冬奥气象服务中心和分析中心，依托其软硬件设施开展具体预报服务工作。

"双提升"工程建成后，主要的服务对象为政府部门、国际奥委会、冬奥组委、参赛运动队、赛事外围保障部门和社会公众。其中，对政府部门主要是通过政务外网、传真、手机平台、电话或视频汇报等方式快速提供直观、美观、科学的服务产品（图形、文字、短信、视频等）；对社会公众主要是通过互联网、电视、手机客户端、微博等渠道及时提供更精细化的气象预报服务产品。

2.2 技术路线与原则

在云计算、物联网、移动互联、大数据、人工智能等新技术的推动下，"双提升"工程结合"互联网＋气象"等信息技术的创新应用，通过建设现代气象信息网络系统、智慧气象探测系统和智慧气象服务系统，为气象服务提高稳定、快速、便捷的信息支撑，为北京市政府相关委办局、城市安全运营保障单位和社会公众提供即时气象灾害防御、决策气象服务、公众气象服务、专业专项气象服务信息支持，并充分利用电视和多媒体信息网络系统，及时向公众和政府应急部门发布气象预警信息。

2.2.1 "双提升"工程建设目标

通过"双提升"工程建设，将显著提升首都气象事业探测能力、信息基础支撑能力、公众气象服务能力。通过增加大气垂直遥感探测设备，提升目前仍较为薄弱的大气垂直探测能力，完善对高影响、灾害性天气系统三维立体监测；通过补充完善城市副中心地面探测系统，使城市副中心地区重要天气的地面实时监测间距由原9千米缩短至5千米左右，基本达到目前的主城区水平。通过以上两方面提升重要天气的实时监测水平，为及时预警、增强气象服务能力提供基础支持。

通过高性能计算机等配套基础设施的建设，推动精细化数值预报业务能力的大幅提升，为公众提供10分钟快速滚动更新、基于位置、可个性化定制的实况及降水天气预报信息，提高预报预警覆盖面，提升公共气象服务满意度，减少灾害损失等。通过智慧气象服务系统建设，形成城市内涝、扫雪铲冰、能源联调等方面一体化的综合交通、能源气象服务体系，提高城市气象对城市规划服务的支持能力，为北京大城市精细化科学管理及城市安全运行交通能源保障提供精细化、数字化的科学决策依据。快速降低高影响天气对城市安全运行带来的影响，最大程度降低气象灾害风险带来的损失。

通过建设冬奥会专项探测系统、预报预测服务系统，为冬奥气象服务提供有力支撑，满足冬奥气象服务的需求。通过项目建设，实现冬奥赛场及周边天气监测覆盖率90%以上，监测时效达到分钟级，满足国际奥委会对高质量气象数据的需求。对北京冬季重点区域天气系统和冬奥赛区山地复杂下垫面关键气象要素进行精细观测，弥补冬季山区水平与垂直监测密度的不足，为冬奥北京赛区灾害性和赛事高影响天气、气候预测预报提供有效支撑。建设冬奥业务应用系统，为冬奥组委会规避气象灾害风险，应对极端天气气候事件提供有效支撑，满足冬奥组委规划部署、赛事运行、赛事保障和观赛需求，为成功办好一届精彩的冬奥会提供满意的气象服务。

2.2.2 总体设计依据

《北京市气象局气象服务能力提升和冬奥会气象服务保障工程初步设计及概算》（总册）

《北京市气象局气象服务能力提升和冬奥会气象服务保障工程初步设计及概算》（第一分册　气象服务能力提升）

《"双提升"工程初步设计及概算》（第二分册　冬奥会气象服务保障）

《北京市气象局气象服务能力提升和冬奥会气象服务保障工程项目（总集成项目）合同》

《北京市气象局气象服务能力提升和冬奥会气象服务保障工程项目（总集成项目）

投标文件》

各软件项目需求规格说明书

2.2.3 设计原则

根据相关需求与现状分析,在"双提升"工程的建设与方案设计中,遵循以下原则。

1. 创新性与先进性原则

紧密结合相关文件精神,在该系统的建设中突出自主创新以及重点突破,保持信息系统在技术上的先进性。在充分分析当前信息系统技术发展的现状以及发展趋势的基础上,结合实际应用的业务需求,采用成熟的技术体系。同时,开发或配置先进、高效实用的系统软件和应用软件,使整个系统能协调一致地运行,以获得最大的系统性能和效益。同时,充分考虑系统后续发展的技术和应用需求,为系统的维护和升级提供全面的保障,在设计和开发上具有一定的前瞻性,使系统具有较强的可扩展能力。

2. 经济性与实用性原则

系统建设方案在实用的基础上做到最经济,以最小的投入获得最大的产出。在硬件和软件配置、系统开发和数据库设计上充分考虑在实现系统全部功能基础上尽量节约经济成本。

同时,设计方案最大限度地满足业务的需要,为业务管理提供最优的应用和管理工具。具体做到界面友好、易于使用、便于管理维护、数据更新快捷和系统升级容易,具有优化的系统结构和完善的数据库系统,具有与其他系统数据共享、协同工作的能力。满足用户在不了解技术的条件下,能够很好地使用系统处理业务以及定制、调整和维护系统功能。

3. 开放性与合作性原则

开放性是系统设计好坏的重要衡量要素之一。由于机构、人员、业务处理过程以及业务表现方式都是处于不断变化的过程中,所以在系统设计过程中需要具有良好的开放性。这种开放性主要体现在具有方便的二次开发能力、可定制维护能力、可快速移植能力等,以提高系统对业务调整的应变水平以及再开发的水平。

合作性的原则表现在系统的技术思想以及实现对用户应该是透明的,通过面向业务模型的开发体系使得合作双方能够很好地进行交流,能够使局内业务人员在不了解系统技术细节的情况下参与系统的搭建式开发。作为开发一方,需在与业务人员交流的基础上全面了解业务处理的过程和细节。

4. 易用性与完整性原则

所开发出的应用系统尽可能易用，坚持以用户为中心的原则，在充分考虑用户的计算机操作水平以及操作习惯的前提下，设计出尽可能简洁明了的系统界面，业务处理应简单易行。

同时，在追求易用性的基础上，也要充分满足业务处理的需求，在应用上是完整的，不能因为仅仅追求易用而舍弃必要的业务处理过程。应用系统应能够全面地实现所有的业务处理功能。

5. 统一化与一体化原则

统一化的含义一是信息系统的建设应该在统一规划的基础上完成；二是整个信息系统应该在统一的技术路线上建设。

一体化原则是所开发出的系统应该是一体化集成的，包括一体化的数据存储、一体化的系统访问以及一体化业务处理等。

6. 整体性与渐进性原则

在系统建设过程中要根据现有的条件，按照统筹规划、分步实施原则，有计划、有步骤地进行。按照系统的主要工作内容，先做好总体规划和设计，搭建好整体框架，然后有计划进行建设，逐步进行扩展，最终形成"双提升"工程的全部建设内容。

2.2.4 关键技术路线

1. 中台

从技术角度，中台是为了搭建一个灵活快速应对变化的架构，可以快速实现前端提出的需求，避免重复建设，这也是符合敏捷开发理念。

从业务角度，根据中台沉淀的能力，可以支持快速创新，业务更敏捷，以应对未来市场变化。相关业务板块已经做好，底层组合即可，更加灵活和快速。

业务中台更多的是对业务的支持，比如客户信息、组织信息、产品信息等，这些都来自某一个系统，且分别支持多个系统的业务。各个系统有相关需求时，需要重新开发。而业务中台的作用就是避免重复开发，直接从中台获取相关功能。

数据中台利用获取的各类数据，对数据进行加工，获取分析结果，然后提供给业务中台使用。数据中台的数据来自各业务系统或者数据湖，有源数据、关联数据、加工好的数据（已经整理的主题数据、算法、模型），再提供给业务中台使用。以购物网站的推荐为例，数据中台根据数据提供算法，然后业务中台基于算法的结果，支撑关联推荐。

2. 微服务

微服务是一种架构风格，一个大型复杂软件应用由一个或多个微服务组成。系统中的各个微服务可被独立部署，各个微服务之间是松耦合的。每个微服务仅关注于完成一件任务并很好地完成该任务。在所有情况下，每个任务代表着一个小的业务能力。

微服务架构的优点包括：每个服务都比较简单，只关注于一个业务功能。微服务架构方式是松耦合的，可以提供更高的灵活性。微服务可通过最佳及最合适的不同的编程语言与工具进行开发，能够做到有的放矢地解决针对性问题。每个微服务可由不同团队独立开发，互不影响，加快推出市场的速度。微服务架构是持续交付（CD）的巨大推动力，允许在频繁发布不同服务的同时保持系统其他部分的可用性和稳定性。

3. 海量影像数据管理技术

利用离散小波变换对图像进行压缩、拼接和镶嵌，通过局部转换，使图像内部任何一部分都具有一致的分辨率和非常好的图像质量。在提高压缩比、保证高质量的基础上实现与矢量空间数据的叠加和快速还原显示。

4. 数据分析与融合技术

由于各种数据的时间分辨率和空间分辨率不一样，因此，必须采用数据分析和融合技术将各种模式产品等进行标准化处理。"双提升"工程首先利用数据解析模块对各种常用的 GRIB、NETCDF、MICAPS、BURF 资料组织格式进行解析，并采用克里金等插值方式在空间和时间维度上对格点数据进行插值，处理出适当的时空密度的数据，存储到相应的格点库中，结合要素间动态平衡技术，将各类气象数据处理成适当的时空密度的数据并存储到相应的格点库中。

5. 多级、智能缓存技术

采用智能缓存的技术架构，在不同的层面上进行相应的缓存处理，包括数据采集服务器上的缓存技术、组网产品显示服务器的缓存技术（应用服务器上）、访问客户端的缓存技术，从而实现访问数据时在多源、多尺度、多时相的缓存数据的切换能够控制在有效时间内，大大提高运行速度。

2.3 总体流程

"双提升"工程的总体设计方案主要从以下两方面说明整个系统的"轮廓"。

业务轮廓体现北京市气象局信息系统运转的业务驱动过程。

系统轮廓体现整个信息系统的多维视图。展示的维度包括业务过程的维度：探测、加工、服务、反馈、决策和优化；服务层次的维度：前台、中台、后台；分布的维度（站点、平台、协作对象、服务对象等）；信息体系的维度（应用、数据、运维、安全、标准等）。

2.3.1 业务模型

业务模型主要实现对生产、协作、服务、优化的过程抽象，从整体架构上设计北京市气象局信息系统，具体而言，业务模型的主要内容包括对气象气候业务的生产设计、为公众和专业用户提供服务的方式和受众提供反馈的路径流程。总的来说，业务模型实现了对气象信息系统全领域、全方位的描述，为后续体系结构的设计和总体工程的建设提供了有力支撑。

业务模型主要分为观测体系、生产过程、服务模式、反馈、优化几个环节，由合作方或自主观测的数据为气象业务和气候业务的生产提供数据基础，气象业务和气候业务生产产品的目的是提供公众服务、专业服务以及专题服务，服务受众方在接受服务的同时也会对服务、生产、观测进行反馈，观测、生产、服务针对反馈进行各自的优化，各个环节形成闭环。业务流程如图 2-1 所示。

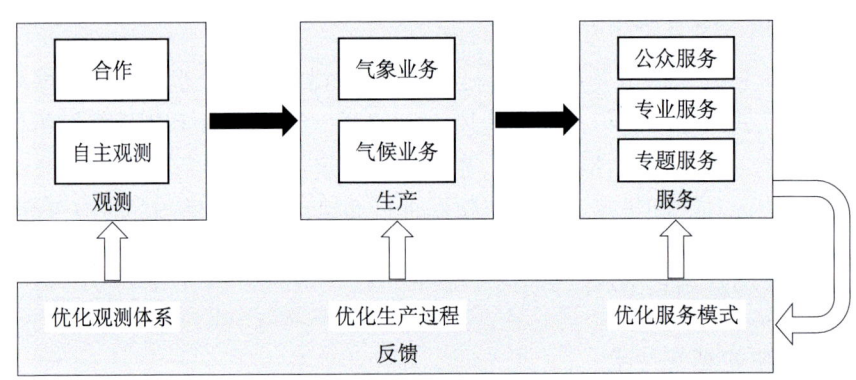

图 2-1 业务流程图

2.3.2 体系结构

体系结构如图 2-2 所示，纵向为服务层次，展示从提供互联服务的前台到聚合服务的中台，最下层到对数据进行加工处理和调度的后台的整体流程。横向是从观测、生产到服务的整体业务过程，顶部为分布范围，右侧为信息系统的三层信息体系，在完成业务架构、应用架构后归纳呈现。

前台：主要包括连接外部对象的前置应用、气象观测物联网、行业数据共享、公共气象服务、传媒内容制作、专业气象服务、奥运专题、预报。

中台：聚合服务子层，抽象的公共服务；数据单元子层，存储和管理数据。

后台：主要是对中台的数据进行加工处理，形成产品，并回写到中台，同时使用消息驱动的业务流程引擎进行调度。

业务流程视图：主要分为观测、生产、服务三大类。

支撑体系：主要包括云、平台、计算环境，运维体系，安全体系。

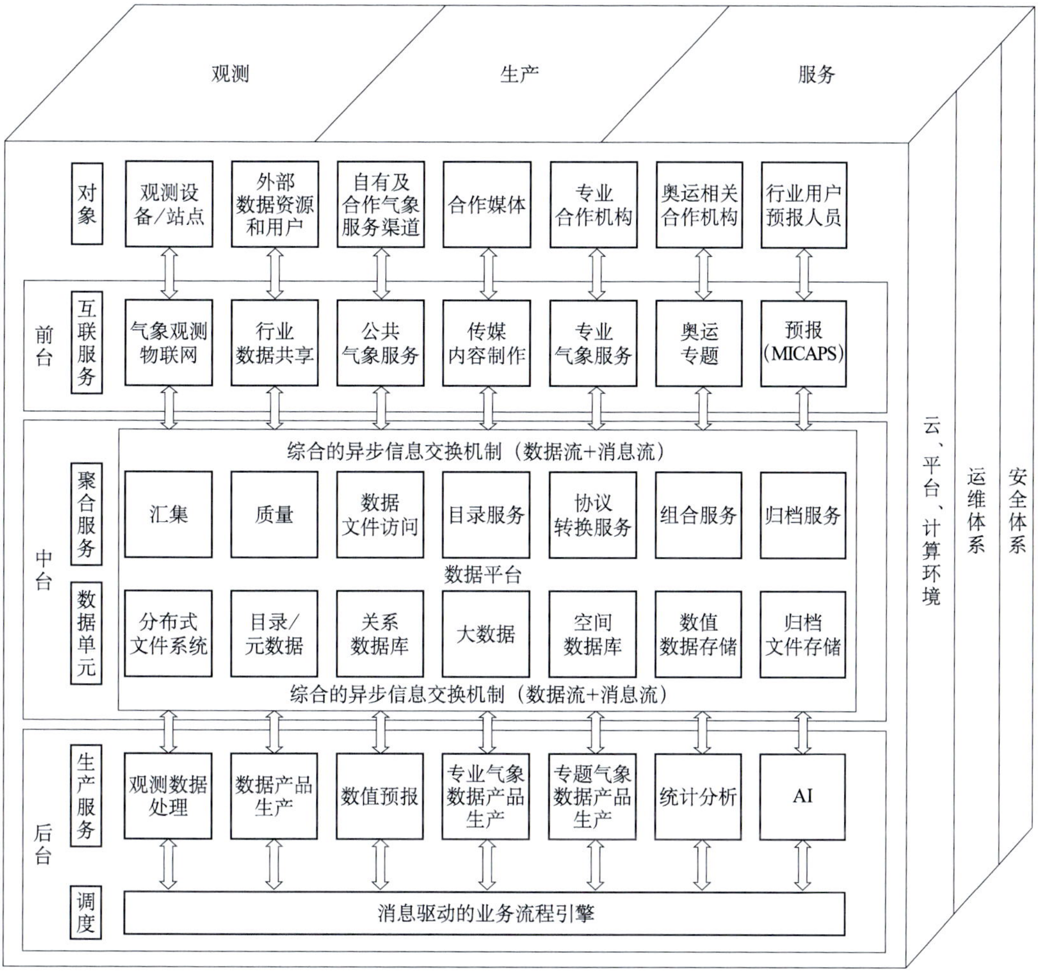

图 2-2 体系结构图

小结："双提升"工程的总体设计方案从业务模型和体系结构两个方向对气象信息系统的建设做了整体架构和设计，为总体工程的建设提供了依据和技术方案，是北京市气象局信息化提升的整体路线和设计依据。

2.4 冬奥气象信息化的整体布局

总体建设内容如下。

1. 气象服务能力提升

（1）气象信息网络支撑系统

高性能计算系统：建设一套不少于600个计算节点以及其他配套节点组成的浮点运算峰值不低于1 PFlops，实际可用容量5 PB左右的高性能计算系统，其中硬件部分包括计算节点、GPU节点、存储系统、计算网络、管理网络、监控网络、管理节点、登录节点以及相应的支撑设备，软件部分包括操作系统、并行文件系统、作业调度系统、管理监控系统、并行编程环境以及应用软件研发。

业务支撑系统：包括基础网络系统、基础资源池、IT系统配套基础设施。

云资源运维管理平台：建设一套云资源运维管理平台，包括云资源平台、云资源管理中心、云应用主机安全加固等。

音视频会商系统：建设市级气象预报会商平台、市级气象服务会商平台、新闻发布平台、监控平台，各平台由视频显示系统、音频扩声系统和集中控制系统组成，对现有视频管理系统、统一通信系统进行升级。

运维管理系统：建设一套安全与运维管理系统。

安全等级防护系统：整个网络建设需满足三级等保的要求。

（2）智慧气象服务系统

智慧探测系统：重点加强灾害性天气监测能力建设，逐步形成监测要素较全面、覆盖范围较完整、立体监测更精细、数据处理更快捷、质量控制更可靠的协同气象观测系统，建设综合观测设备运行管理系统。

交通能源精细化气象服务系统：建设数据采集与分析子系统、交通能源气象影响计算子系统、智能化业务值班子系统以及气象服务产品制作和分发子系统，实现跨行业数据收集和规范化管理、交通和能源的点—线—面三个维度气象灾害监测预报预警专项服务、可视化展示和智能化发布等功能。

气候环境评估应用系统：建设气候环境信息采集管理子系统、气候环境监测评估子系统、气候环境查询显示子系统以及气候环境信息共享子系统，开展北京市特别是中心城区和城市副中心的气候环境监测及评估应用信息服务。

公共气象产品加工、共享及分发系统：建设公共气象产品加工及共享平台、北京市气象信息移动互联平台、平台保障体系模块、平台维护模块、标准规范模块，实现北京市气象局市级产品、区级服务产品统一管理和共享。

三维立体气象影视多媒体融合系统：建设气象信息资源融合系统、采编发联动生产制作平台、播出系统、融合资源管理平台和技术支撑体系等，在现有的电视气象节目制作系统基础上，使用最先进的视音频技术、计算机技术和网络技术等对原有的系统进行升级改造。

2. 冬奥气象服务保障

（1）智慧冬奥气象服务保障系统

建设赛场实景气象站10套，开发冬奥现场气象服务应用系统、冬奥会官方气象信息服务系统，分别部署在冬奥会现场及北京市和河北省气象部门相关服务产品制作单位。

（2）冬奥业务应用系统

包括冬奥气候风险评估与预测系统、冬奥环境气象服务保障系统、冬奥航空气象保障系统、冬奥增雪气象服务保障系统（复用）、多维度冬奥预报业务平台、高分辨率短时临近数值预报系统（复用）、冬奥会延庆预警信息发布系统。

（3）冬奥服务保障业务支撑系统

包括冬奥气象服务数据环境和综合可视化查询展示系统。

（4）冬奥专项探测系统

包括赛区新设地面自动气象站网、大气成分监测系统、交通监测系统、应急监测系统、航空气象监测系统和海坨山新一代天气雷达。

小结：总体设计可以为此次工程在技术层面勾勒出一个清晰的轮廓，为各系统的设计与开发指明方向，划定界限，达到信息的高效实用和区域信息共享的目的。在保证数据完整性和一致性基础上，对业务应用和数据流程进行分析，在同一数据标准基础上，设计和建设北京气象数据资源库，并对整个数据资源进行存储和管理，形成完善、高效、安全、可靠的数据资源汇集中心，使气象数据得到高效利用和有效管理。

第 3 章　基础保障能力

增强基础建设是保障信息系统稳定运行的基石，保障信息系统稳定运行的目标是使其信息系统能够有足够的性能交付给最终用户使用，提供足够的可用性，使其信息系统能够持续稳定可靠地运行。基础保障能力包括机房环境建设、基础网络建设以及音视频会商系统建设，从根本上保障信息化建设的稳健运行。

3.1　机房环境建设

机房环境建设是机房整体系统稳定运转的一个重要保障环节，不仅关系到机房能否正常运行，也关系到机房工作人员的身心健康。机房环境建设包括机房的全监控系统覆盖、建设绿色环保节能的机房环境以及机房的微模块部署。

3.1.1　机房的全监控系统覆盖

机房监控主要是针对机房所有的设备及环境进行集中监控和管理而研制的，主要是对机房内的动力、环境、安防、重要设备进行全面的集中监控和统一管理。机房监控系统基于网络综合布线系统，采用集散监控，在机房监视室放置监控主机，运行监控软件，以统一的界面对各个子系统集中监控。机房监控系统实时监视各系统设备的运行状态及工作参数，发现部件故障或参数异常，即时采取多媒体动画、语音、电话、短消息等多种报警方式，记录历史数据和报警事件，提供智能专家诊断建议和远程监控管理功能以及 Web 浏览等。

机房最直接的体现是网络化，为各种类型信息储存和业务共享提供支持，兼容的来源是储存在其中的核心网络安全设备。机房监控中的网络设备监控包括以下内容。

服务器监控：服务器指的是资源管理并向用户提供服务的计算机系统。与普通计算机相比，服务器对稳定性、安全性和性能的需求更高。因此，管理人员需要在第一时间了解 CPU、芯片组、存储空间、磁盘系统、网络等硬件问题，采取预防、维护和有效措施。

路由器监控：路由器适用于监控多个网络的连接，路由器监控在判断通信故障的方向上起着决定性的作用。它可以让管理人员在第一时间了解网络故障等问题，并有效地采取预防、维护和优化措施。

交换机监控：交换机是局域网络上业务承载设备、交换级别、控制和信令设备等功能模块的集合。交换机可以根据单个用户的要求连接用户线路、电信电路或其他要互连的功能模块。同时，交换机监控还是监控用户需求与服务提供商之间的桥梁，它可以让管理人员第一时间了解数据流量、网络速度等不合格问题，并有效地采用预防、维护和优化方案。

防火墙监控：防火墙是协助确保信息安全的设备，它将根据特定规则接受或限制传输数据的通过。防火墙监控是"网络警察"的工作状态，它可以让管理人员在第一时间了解CPU、内存利用率等问题，并有效地采用预防、维护和优化方案。

机房环境监控是一个综合利用计算机网络技术、数据库技术、通信技术、自动控制技术、新型传感技术等构成的计算机网络，提供一种以计算机技术为基础，基于集中管理监控模式的自动化、智能化和高效率的技术手段，系统监控对象主要是机房动力和环境设备（如配电、UPS、空调、温湿度、漏水、烟雾、视频、门禁、防雷、消防系统等）。机房环境监控具有以下功能。

监视/监控功能：系统具有通过遥信、遥测、遥控和遥调，所谓"四遥"功能，对整个系统进行集中监控管理，实现少人值守和无人值守的目标。系统可实时收集各设备的运行参数、工作状态及告警信息。既能真实地监测被监控现场对象设备的各种工作状态、运行参数，又能根据需要远程地对监控现场对象进行方便的控制操作，还能远程对具有可配置运行参数的现场对象的参数进行修改。同时，系统可设置各级控制操作权限。如果需要并得到相应授权，系统管理人员可以对系统监控对象、人员权限等进行配置；系统值班操作人员可以对有关设备进行遥控或遥调，以便处理相关事件或调整设备工作状态，确保机房设备等在最佳状态下运行。

告警功能：无论监控系统控制台处于任何界面，均应及时自动提示告警，显示并打印告警信息。发生告警时，应由维护人员进行告警确认。如果在规定时间内（根据通信线路情况确定）未确认，可根据设定条件自动通过电话或手机等通知相关人员。告警在确认后，声光告警应停止，在发生新告警时，应能再次触发声光告警功能；同时，系统具备多地点、多事件的并发告警功能，无丢失告警信息，告警准确率为100%；系统能对不需要做出反应的告警进行屏蔽、过滤；系统能根据需要对各种历史告警信息进行查询、统计和打印。系统除对被监控对象具有告警功能外，还能进行自诊断（如系统掉电、通信线路中断等），能直观地显示故障内容，从而具有稳定自保护能力；系统还具有根据用户的要求，能方便快捷地进行告警查询和处理功能；系统告警可以根据不同的需求进行配置，如告警级别、告警屏蔽、告警门限值等；此外，系统具有电子化闭环派单功能，实现派单、接单、维护、复单、销单的故障全处理过程。

配置管理功能：当系统初建、设备变更或增减时，系统管理维护人员，能使用配置功能进行系统配置，确保配置参数与设备实情的一致性。当系统值班人员或系统管理维护人员有人事变动时，可使用配置功能对相关人员进行相应的授权。在系统运行时，系统管理维护人员也可使用系统配置功能，配置监控系统的运行参数，确保监控系统高效、准确地运行。

安全管理功能：系统提供多级口令和多级授权，以保证系统的安全性；系统对所有的操作进行记录，以备查询；环境监控系统有设备操作记录，设备操作记录包括操作人员工号、被操作设备名称、操作内容、操作时间等。监控系统具有对本身硬件故障、各监控级间的通信故障、软件运行故障自诊断功能，并给出告警提示。系统具有来电自启动功能，同时具有系统数据备份和恢复功能。

报表管理功能：系统能提供所有设备运行历史数据、统计资料、交接班日志、派修工单及曲线图的查询、报表、统计、分类、打印等功能，供电源运行维护人员分析研究用，系统还具备用户自定义报表功能。

3.1.2 建设绿色环保节能的机房环境

在人人都呼吁环境保护的当今社会，机房节能问题也一直是节能环保的关键之所在，也已得到了各行各业各方用户的普遍关注，与呈几何级数增长的能源消耗和IT设备扩充的速度相比，节能环保工作仍然面临着很大的压力。如何使机房更加节能已经成为关键的问题，机房的建设需要被涂上更深的一抹绿色。建设节能环保绿色机房的具体设计思路如下。

1. 基础建构环节

建设绿色节能环保机房，就是要降低机房能源的消耗和管理的成本，从而提高机房各个设备的利用率，并且在提高能源利用率的同时，用较少的投资，获得更多的回报。中心机房是整个网络的核心以及数据交换中心，网络光纤的布线通常采用以机房为中心的发散型布线，避开雷区。因为机房一般都会安排在一个办公楼的其中一层或中间几层，因此，在选择楼层时，应该考虑到防盗、防潮、防尘、防电磁干扰等一系列完全可以避免的因素。同时考虑到是作为中心机房来用，还应避开大楼的最高层，因为大楼的最高层一般温差很大，冬天最冷而夏天最热，这样就会额外增加空调的负荷，增加能源的消耗。对于有条件的地方，应该大力推荐地下式或地埋式机房，地埋式机房是将整个机房都埋入地下，只在地表留出入口。这种机房由于埋入地下，一般受外界环境的影响很小，在机房里根本不用装空调也能保证机房内的温度始终保持在 10~25 ℃。为了保证机房内的空气能和外界很好地对流，只需在机房上面安装通风口或通风装置即可。

机房的设备布置要科学、合理、方便，尽量使机房内各处的温度分布相对来说均匀一点。如果主机箱或电脑桌上的设备为前进风、后出风方式冷却时，主机箱或电脑桌上的设备应该采用对面方式，以形成冷风的通道；采用背对背的方式，以形成热风通道。要是采用其他布置的方式，就有可能造成气流短路，不利于设备的散热。

2. 硬件设备环节

绿色计算、节能环保已成为企业设备发展的必由之道，能耗问题已经成为用户在采购服务器时非常重视的一个因素，而机房作为各种服务器（塔式机架式、刀片式）及各种网络设备（如机架式交换机、路由器）的承载之地，这些设备的节能效果如何自然将大大影响整个机房的能耗。

硬件设备的选择应该从选择能耗低的设备开始。在选择服务器时，应该优先选择在很多方面都节能的节能服务器以及刀片服务器。刀片服务器有一个很大的特点，就是计算的密度很高，能节约空间，上面的每个刀片模组有共用电源、网络等功能，能降低能耗的 25%～45%，使机房的能耗降低很多。应该优先选择 LCD 显示器，因为这种显示器在辐射和功耗方面有着天然的优势，比 CRT 显示器的功耗要低 35%～55%。一般而言，尺寸越大的显示器功耗也会越大，所以选择适合的显示器才是最重要的，并不是尺寸越大越好。选择 CPU 时不要只是一味地追求高频率、高效率，也应该考虑功耗问题。在一般的机房中，可以选择那些性价比更高的 CPU 来使用，或者可以选择工艺更高的 CPU 来使用。

3. 环境搭建环节

机房内部有很多设施都是耗电量极大的，空调无疑是其中最耗电的设施，一般来说，空调的耗电量可占整个机房设备耗电量的 40% 以上，因此，空调可以说是机房环境控制最主要的设备，控制好了空调的耗电量，就能使能源的耗电量达到一个极低的地步。在很多企业中，一般建立机房的时候都是采用地板送风，当机柜下面的地板开有出线孔的时候，由于出线孔的密封性不好将导致大量的冷风泄漏出去，根据测算，像这样空调传送冷风的时候，将有 45% 的冷风漏到了机房内，其余 55% 的冷风才送到了机柜前面，而送到机柜前面的冷风也不是全部被吸入服务器的机柜中，还有一小部分的冷风又会直接被空调机组吸回去，这样实际进入机柜内的冷风就远远小于 55%，空调的利用率非常低。同时，有些不良的设计方案也会导致设备散热不好，应该冷却的设备得不到很好的冷却，而刚刚已经被冷却的一些区域却继续被冷却，再加上一些单位因为面积较小，机房和办公大楼连在一起使用，在建造的过程中只考虑机房的透光性，采用玻璃幕墙，却忽略了随之而来的热量散发，无形之中又增加了空调的负荷，导致机房内部空调系统浪费严重，能源消耗十分严重。因此，在建立机房的时候，应该优先选择并使用一些高效空调，使这样的问题得到逐步改善。

4. 新能源与建筑的完美结合

机房节能环保不能只是局限于在机房的选材上，而更大的方向应该在开发新能源和使用新能源上。可以将太阳能利用设施与建筑方面相结合，利用太阳能的发电组件替代建筑物中的一部分，相互间完美结合，取代传统太阳能的结构对建筑物外观形象的影响。如果可以用太阳能设施完全取代或者取代一部分玻璃幕墙的话，就能减少成本，提高效益。将太阳能设施的利用与建筑之间完美地结合起来，既节能环保，又美观大方。

3.1.3 机房的微模块部署

微模块是指微模块数据机房，是将传统机房的配电、空调、布线、机柜、消防、监控、照明等系统集成为一体化的产品，主要采用"密闭冷通道"方案，同时也支持"密闭热通道"方案。具有快速部署、安全可靠、灵活扩展和绿色节能等特点。微模块具有以下优势。

减少人为错误：微模块减少了数据中心中的人为错误，微模块组装流程到系统的故障诊断、文档编制、培训等都更加简单、有效，从而使员工更熟练、更不容易出错。

预见问题：对工作原理的了解再加上此类事物的标准化程序（如设备监控和预测性维护程序），形成了一个足以应对那些意外事故的强大防御手段。

提高效率：由于学习效果相互影响并互相推动，效率得到了全面提高。员工的知识越全面，在相关问题上所花费时间的利用率就越高。人为错误的减少不但减少了在纠正人为引发问题上所需的时间，而且也减少了答复与此类问题有关的电话帮助热线的时间，使人力资源得到合理使用。

批量生产：部件和流程的标准化，微模块使批量生产成为可能，批量生产的优势体现在以下几个方面：成本更低、质量更高、更易于维修、交货速度更快。

系统扩展性：微模块可以根据当前的 IT 需求进行部署，并且能在以后根据需要添加更多微模块。微模块显著降低了 TCO（总拥有成本）。

系统可移植性：在安装、升级、重新配置或移动微模块时，独立组件、标准接口以及易于理解的结构既节省了时间，又节约了资金。

可提高故障修复时间：模块的可移植和可插拔特性使得很多工作可以在工厂进行，既包括交货之前（如配电设备的预先布线），也包括交货之后（如电源模块的修理）。从统计学角度上分析，同样的工作，在工厂内完成要比在现场操作的再故障率低得多。例如，在工厂修复的模块在引起断电、发生新的故障或无法恢复到满负荷工作状态方面的概率与在现场修复的 UPS 电源模块相比，要高几百倍。

3.2 基础网络建设

在信息化发展背景下，各行各业的发展离不开网络信息化建设这一重要平台，对于一个企业的发展来说，网络信息化平台的重要地位日渐显现，企业各项活动的顺利开展，都离不开其强有力的支持。企业各个环节的运行问题也都能够反映在信息化平台之上，利用网络信息化平台能够针对问题开展科学的分析工作，将问题根源查找出来，并迅速制定相应解决措施，确保问题得到妥善处理。而真正推动网络信息化平台良好有序运行的重要基础便是基础设施建设与维护管理系统的开发，借助基础设施建设能够实现网络信息化平台的搭建，能够确保系统的高质量运行。

3.2.1 北京市气象局基础网络建设

为提高北京市气象局的网络供应能力，与时俱进，本团队技术人员采用新的 IT 技术和手段，在预警中心建设现代化气象信息基础网络系统，满足精细化智慧气象服务系统、精细化智慧气象预报系统、预警信息发布系统对于基础网络的需求，为北京市气象业务及预警信息发布业务提供稳定、快速、便捷的信息支撑服务。基础网络系统建设包括数据中心网络、音视频网络、管理网络、办公网络以及与东区互联、与西区互联。图 3-1 展示了北京市气象局基础网络系统结构。

数据中心网络：数据中心网络采用 SDN 建成大二层网络结构，连接服务器、分布式存储等资源池硬件设备。北京市气象局在网络系统中共建设 1 套数据中心 SDN 控制器、2 台 Spine 交换机、72 台万兆交换机和 32 台千兆交换机，并建设 51 个千兆带外网管交换机。因为这些设施的存在，使得北京市气象局能够及时处理源源不断的气象数据。

音视频网络：音视频网络采用大二层网络结构，连接音视频编解码器、视频会商系统以及音视频业务服务器。北京市气象局共建设了 2 台 Spine 交换机、2 台万兆接入交换机和 12 台千兆接入交换机，并在气象局的各个位置部署 11 台音视频千兆接入交换机。

管理网络：数据中心内设置安全管理区，连接预警中心各类设备的带外管理口，单独组成一张管理网，对全网各个硬件及业务系统统一管理。安全管理区内同时部署网络管理系统、网络准入认证系统、统一安全管控平台、漏洞扫描、审计、堡垒机、网络防病毒服务器、补丁管理服务器、安全态势感知平台、SSL VPN 等。

办公网络：其作用为从终端访问办公网，建立独立的网络，提高办公网安全性。针对该网络，技术部门在北京市气象局的各个楼层总共设置了 8 台千兆接入交换机和 6 台万兆接入交换机。

与东区互联：北京市气象局西区网络和东区核心之间互联，两大楼均承载办公业务，东区（原大楼）作为一个办公局域网接入点接入西区（新大楼）。

与西区互联：通过核心交换机与北京市气象局西区互联互通。

此外，还通过核心交换机的 10 G 光纤端口与中国气象局直接互联，保证整体链路带宽，同时通过核心交换机防火墙板卡，实现两张网络的安全防护和边界保护。新建网络和原大楼核心之间互联，两大楼均承载办公业务，原大楼作为一个办公局域网接入点接入新大楼，原办公楼利旧原有的楼层交换机不变，从原办公楼核心交换机敷设 2 根光缆，至新大楼核心交换机，实现两栋楼办公网的同一个二层部署。通过新大楼核心交换机的安全插卡保证两栋楼访问的安全性，同时原大楼提供一个备份功能，实现对新建中心数据的异地备份功能。

3.2.2 基于 SDN 的网络设计

SDN（Software Defined Network，软件定义网络）是一种拥有逻辑集中式的控制平

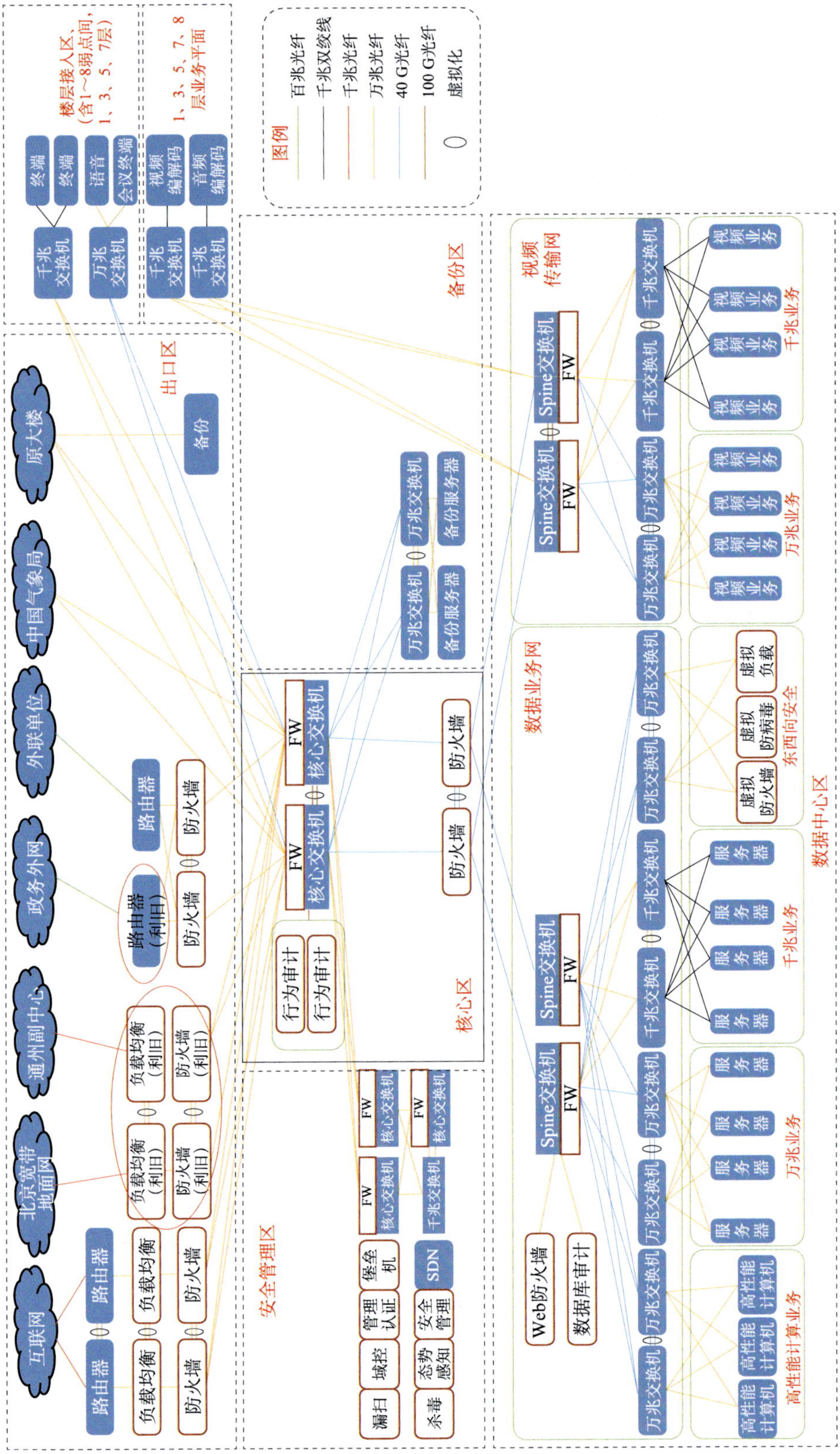

图 3-1 北京市气象局基础网络系统结构构图

面，抽象化的数据平面的新网络架构。数据平面与控制平面分离，控制平面与数据平面之间有统一的开放接口 OpenFlow，通过统一而开放的南向接口来实现对网络直接进行编程控制。SDN 体系架构主要包括 SDN 网络应用、北向接口、SDN 控制器、南向接口和 SDN 数据平面五部分，如图 3-2 所示。

SDN 网络应用：实现了对应的网络功能应用。这些应用程序通过调用 SDN 控制器的北向接口，实现对网络数据平面设备的配置、管理和控制。

北向接口：SDN 控制器与网络应用之间的开放接口，它将数据平面资源和状态信息抽象成统一的开放编程接口。主要功能：负责向应用层提供抽象的网络视图，使应用能直接控制网络的行为。

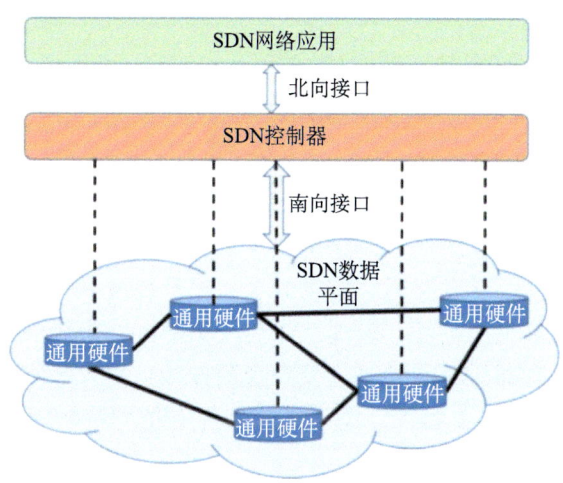

图 3-2　SDN 体系架构图

SDN 控制器：SDN 的大脑。控制器不仅要通过北向接口给上层网络应用提供不同层次的可编程能力，还要通过南向接口对 SDN 数据平面进行统一配置、管理和控制。

南向接口：SDN 控制器与数据平面之间的开放接口。SDN 控制器通过南向接口对数据平面进行编程控制，实现数据平面的转发等网络行为。主要功能：对所有的转发行为进行控制、设备性能查询、统计报告、事件通知等。

SDN 数据平面：包括基于软件实现的和基于硬件实现的数据平面设备。数据平面设备通过南向接口接收来自控制器的指令，并按照这些指令完成特定的网络数据处理。同时，SDN 数据平面设备也可以通过南向接口给控制器反馈网络配置和运行时的状态信息。

采用 SDN 网络有如下优势。

集中管理：SDN 的启用可以跨越 SNMP（Simple Network Management Protocol，简单网络管理协议）带来的限制并自由体验新的网络配置，支持从一个集中的角度去管理网络，从而简化配置、运维和优化工作。

敏捷扩展：在 SDN 中设置网络和创建虚拟机实例一样轻松，可以随意配置资源，更改网络基础架构，扩展性更高；相比传统的物理网络，提供了更快的服务速度与敏捷性。

运行安全：部署SDN可以减少硬件占用空间，相对轻松地共享服务器资源，同时，为应用程序、端点和BYOD设备提供更细粒度的安全方式，以更好地管理整个网络的安全性。

成本更低：由于SDN采用虚拟化网络服务，大大降低了对硬件层面的依赖，可以有效节约基础设施成本，降低企业运营支出，提高对已有资源的使用效率，改善网络管理效果。

容器云通过SDN与云平台的对接，可将网络和计算资源更加紧密地联系起来并实现有效控制，自由扩展、灵活组网，轻松搭建私有网络、组建服务集群，以更高性价比扩容企业网络、提升运维效果、确保服务稳定。

3.3 音视频会商系统建设

会商系统是现代化的音视频会议及应用必不可少的组成部分。北京市气象局旨在建设一套集预报会商、气象服务、应急指挥等功能于一体的多媒体视频会商系统，实现系统平台的综合接入、互联互通、信息共享，提升高清视频系统的会商用户接入和管理控制能力，提高系统稳定性，实现京津冀气象部门、市级气象预报机构与各区级气象机构以及与市政府部门之间的高清视频会商连接，引入云视频会议技术，拓展移动端应用场景的高清视频会商接入，满足日常会商及重大活动保障的业务使用需求。

3.3.1 音视频系统的总体布局

音视频会商系统包括市级气象预报会商平台、市级气象服务会商平台、新闻发布平台、监控平台，各平台主要由视频系统、音频系统、集中控制系统和后台辅助设备组成，同时对北京市气象局视频会议系统、统一通信系统进行完善升级，音视频系统框架如图3-3所示。

各平台视频、音频、集中控制系统拓扑示意图如图3-4所示。

其中各平台由视频系统、音频系统、集中控制系统及后台辅助设备组成，各系统之间音视频互联互通，可实现统一管控及各平台单独管控各自的系统。

3.3.2 视频系统和音频系统

1. 视频系统

视频系统连线图如图3-5所示。

新建视频系统采用IP分布式传输技术与图形拼接处理器相结合的方式。分布式传输解决方案具有灵活易用、部署方便、扩展容易等特点。在异地互通和信号共享的应用场景中，分布式因IP架构部署的灵活性完美地解决了视频信息共享的实际问题。

第3章 基础保障能力

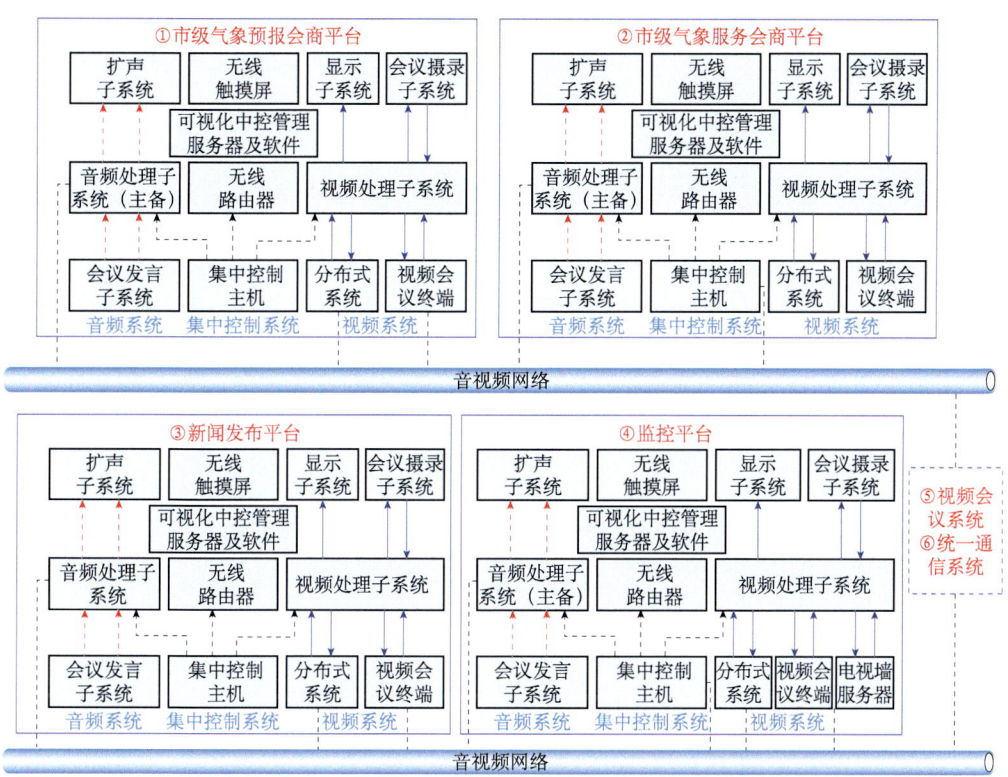

图 3-3 音视频系统框架图

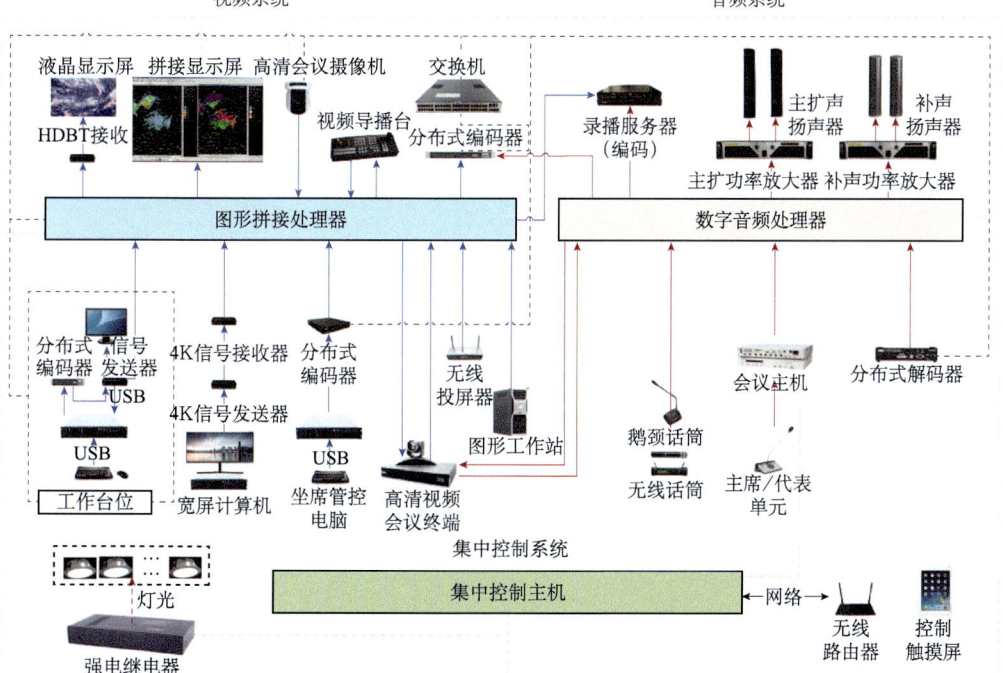

图 3-4 各平台视频、音频、集中控制系统拓扑示意图

27

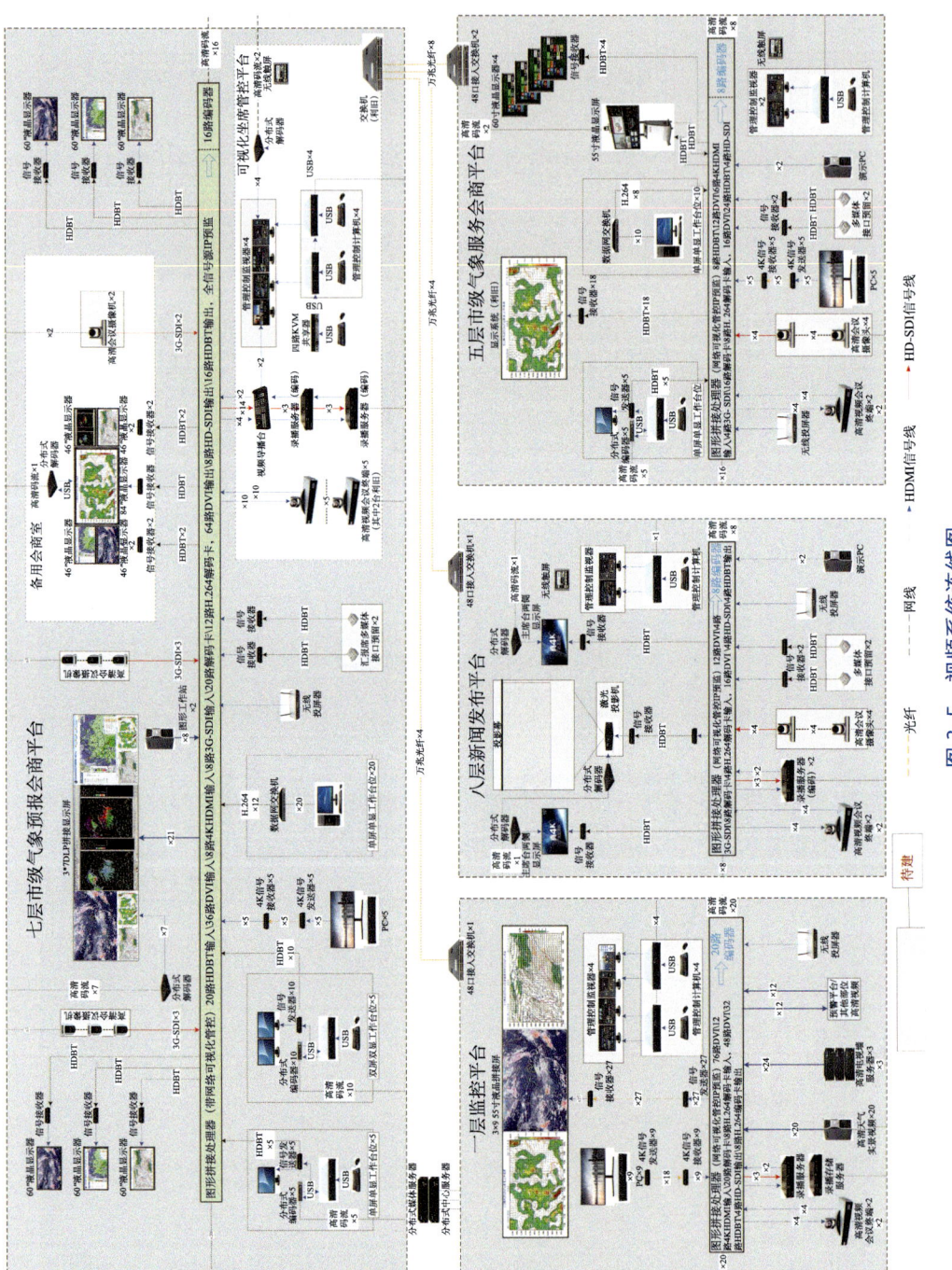

图 3-5 视频系统连线图

分布式方案可分为无损分布式和有损分布式，通过一套键盘鼠标显示器切换管理多台计算机设备，接近零延时 KVM 应用给管理人员带来实时全方位的管控。有损分布式在视频质量上做出一定损失，但占用带宽较小，有损分布式方案以国际电信联盟组织（ITU）发布的 H.264/H.265 视频编码标准作为信号 IP 化的手段，H.26X 系列编码标准使高清信号在低带宽下传输成为可能，但由于其复杂的编解码算法和高压缩比，导致视频画质受损、视频延时增大、信号同步性变差。对于一些远端信号、显示要求不高的信号可以采用此方式用 H.264 编解码器或 H.264 网络抓屏软件的方式实现信号的传输显示。无损分布式利用 VC2 或 JPG2000 等编码算法，实现画面的无损、无延时的视听体验。系统整体通过无损分布式打通音视频传输通道，实现各平台之间的主要设备信号共享，无损音视频同传，传输过程中保证信号质量，信号信息无丢失，图像显示无失真，满足高清晰的视听需求。

根据应用显示要求，通过提供高清晰大屏显示系统，配置高性能的图形拼接处理器结合分布式编解码器组成视频系统，高性能图形拼接处理器可实现整屏超高分辨率的显示效果，将气象资料、视频会商信号、监控图像等信息同时显示在大屏幕上。可实现多路信号的统一显示功能，从而为复杂的实际现场应用制订出一套完整的显示系统解决方案。大屏幕显示系统将硬件拼接技术、多屏图像处理技术、信号切换技术等整合，形成一套高清多媒体显示系统。对于显示系统的整个操作过程完全可视化，信号源、拼接屏显示状态、场景布局等均可在控制界面中实时显示，掌控整个系统的运行情况，所见即所得。图形拼接处理器可实现 4K@60 及以下分辨率视频信号在不同规格显示屏幕上的高清流畅显示，在显示效果上可实现 4K 超高清显示、滚动字幕、多画面分割、多组屏等效果，具备信号切换、开窗、漫游、叠加及可视化预监等功能。

各平台的视频系统均基于 IP 架构设计，为全高清、数字化设计，各平台视频系统通过交换机建成一套视频网络，各平台的业务计算机等通过独立的视频专网实现视频信号的互联互通。重要的计算机信号采用高清无损分布式编码器编码后接入千兆交换机，通过交换机的转发功能实现 DVI 等信号无损压缩的传输，大幅提高视频信号传输质量，并实现计算机点对点、点对多点、多点对多点的 KVM 远程管理。同时，系统采用单时钟处理技术，所有信号在系统主时钟的控制下同时输出，实现拼接屏间图像完全同步，无撕裂现象。

2. 音频系统

音频系统连线图如图 3-6 所示。

各平台的音频系统分为会议发言子系统、音频处理子系统、扩声子系统，各平台均配置具有 DANTE 协议的音频处理器，各平台的音频处理器通过 DANTE 协议组成一套音频网络，实现平台之间所有音频输入输出的全交换。此外，为提升系统可靠性和稳定性，市级气象预报会商平台、市级气象服务会商平台、监控平台系统中配置 2 套数字音频处理器，互为备份，实现冗余设计。

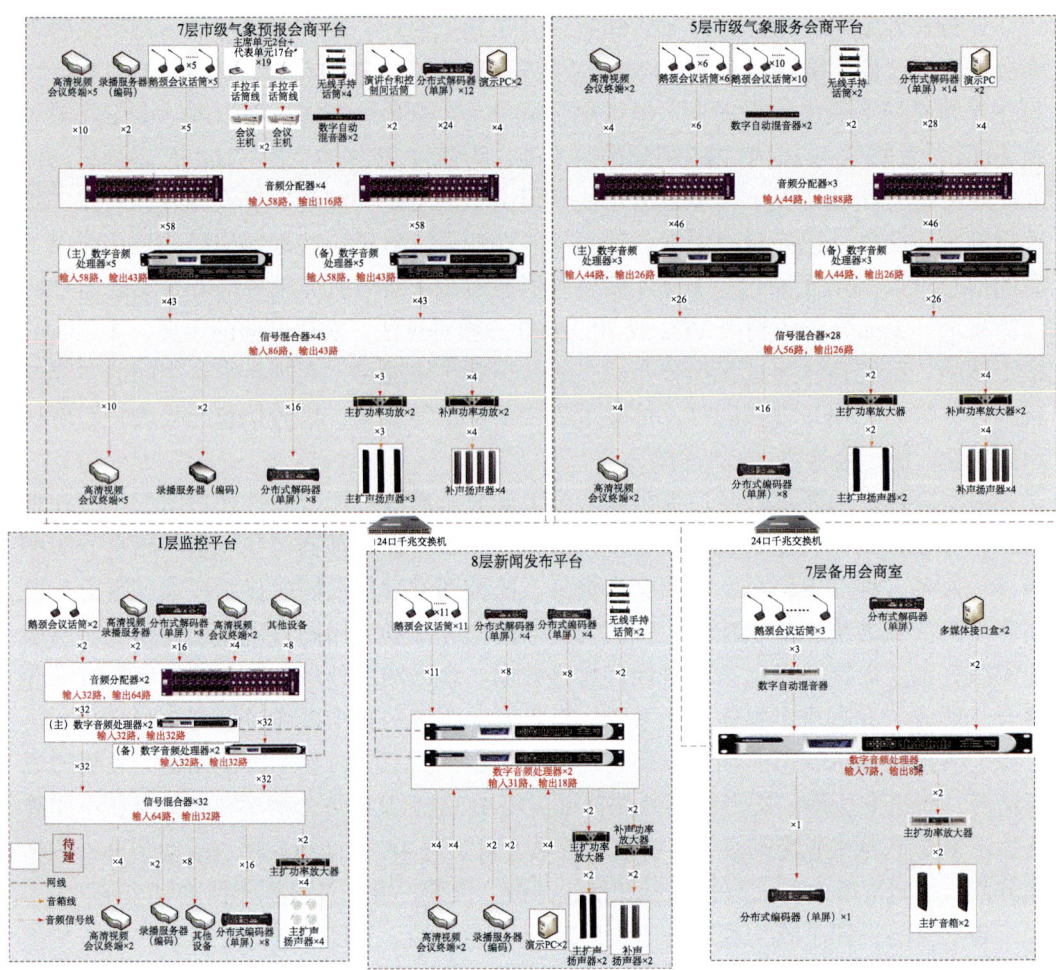

图 3-6 音频系统连线图

第4章 计算能力建设

气象数据规模庞大，结构复杂，仅依托一般的计算机无法胜任当前各类重要的气象任务。例如，中国的天气预报准确率在87%以上，接近发达国家水平。这些气象任务的圆满完成得益于气象计算能力在这40年间的稳步提升。

20世纪80年代，气象科研人员研究出了实用的数值天气预报模式，将我国数值模式预报业务体系从无到有逐步建立起来。90年代是我国数值模式预报业务蓬勃发展的时期，我国跻身少数能够发布中期数值预报的国家，气象数据实现了实时收集和分发，数据从观测站到达预报员眼前的时间，从1小时以上缩短到了10分钟以内。党的十八大以来，气象信息化工作深入开展，国产数值预报模式GRAPES的能力和水平不断改善，已成为支撑智能化网格预报的核心力量。与此同时，数值预报赖以运行的高性能计算资源大幅改善，国产高性能计算机在其中逐渐成为主角。在引进"派-曙光"国产高性能计算机后，中国气象局高性能计算机系统总体规模跃居气象领域世界第三位，仅次于英国气象局和日本气象厅。

如今，随着技术不断进步，气象信息化发展也进入了新阶段。但气象部门并未满足于此，气象建设能力的革新同样永无止境。目前气象任务变得更加庞大和复杂，给气象部门带来了挑战，同时也为气象能力的提升提出了更迫切的需求。本章将从高性能计算机、大数据计算两个角度介绍北京市气象局对于计算能力建设的贡献。

4.1 高性能计算机

大规模计算应用是运行在高性能计算机上的主要应用。如何高效运行这些科学计算应用一直以来都是高性能计算领域的研究热点。随着科学计算应用与体系结构的日趋复杂，当前高性能计算机的实际运行性能与期望性能的差距与日俱增。北京市气象局将计算节点作为整个高性能计算系统的核心，用于承担整个系统的计算任务，可满足气象局当前对于气象数据计算的所有需求。

随着我国综合国力不断提升，气象信息技术也不断突破，其中最具代表性的是在气象数据处理时采用高性能计算应用。高性能计算应用不是单一片面简单应用，而是更为科学、合理的系统布局。高性能计算机及相关技术的创新研发，为其高性能计算应用奠定坚实基础与前提。纵观计算应用在气象业务中的发展，高性能计算系统成为中国气象局 IT 系统的重要组成部分，其计算峰值性能已成为气象部门现代化建设水平的标志之一。我们将从基础环境建设、计算能力提升、云资源平台这 3 个方面介绍高性能计算机。

4.1.1 基础环境建设

北京市气象局的高性能计算机采用 Cluster 架构。它由计算节点、GPU 节点、管理/登录节点、高速计算网络、监控网络、管理网络（部分系统可能和 I/O 网络共用）、存储系统（含 I/O 节点）、文件共享服务节点以及配套软件等部分组成。图 4-1 展示了高性能计算机拓扑图。

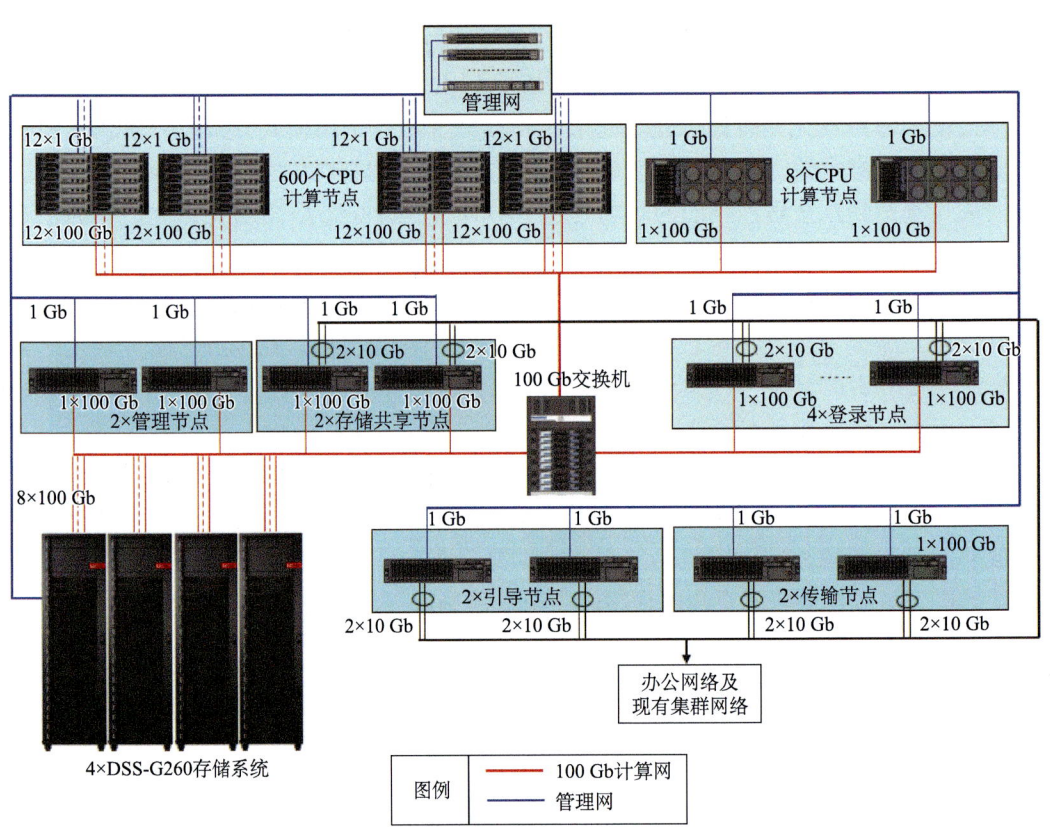

图 4-1　高性能计算机拓扑图

计算机系统软件的主要功能是管理和应用计算机的系统资源。它能保证计算机按照业务的需求正常运行，实现各类气象业务。北京市气象局高性能计算机中的系统软件包括操作系统、全局文件系统、作业调度系统、并行环境（编译器、系统调试工具等）以及集群管理系统等。图 4-2 展示了北京市气象局高性能计算机所配置的系统软件。

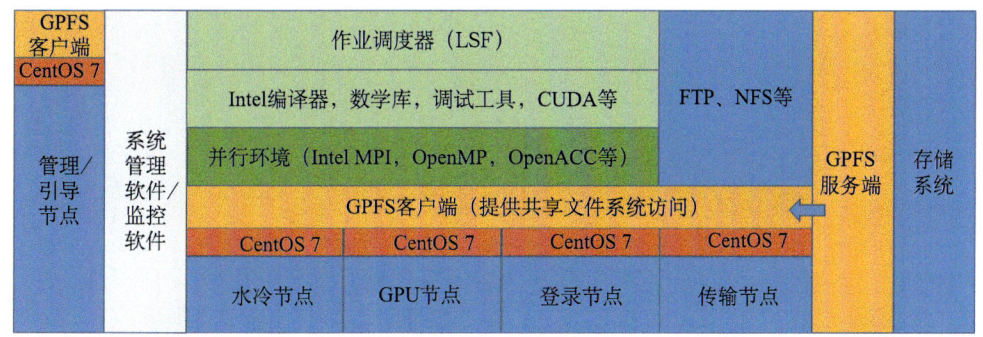

图 4-2　高性能计算机系统软件

为使得高性能计算系统能稳健地运行，我们开发了一套 Linux 操作系统，一套全局共享文件系统（含服务器端和客户端），一套作业调度系统，一套并行编程环境以及一套集群管理系统，其中，作业调度系统的运算需求最大，为其分配的 CPU 数能满足全系统配置需求。为保障北京市气象局所有信息化服务具有较好的通用性，本团队对所有算法的运行环境做了统一的规定。所有节点的操作系统均选用 64 位 Linux 操作系统 CentOS 7。CentOS 具有良好的可靠性和硬件兼容性，完全符合 Red Hat 的再发行要求。采用该系统可有效降低采购成本。下面对高性能计算系统中的全局共享文件系统、作业调度系统、配置监控系统做详细阐述。

全局共享文件系统：在大数据时代，云环境中虚拟机之间、虚拟机与宿主机之间存在大量文件传输操作，带来极大性能开销。针对一台物理机的多个虚拟机，采用全局共享文件系统是提高文件传输性能的有效途径。北京市气象局所建立的全局共享文件系统采用与存储系统配套的 GPFS GNR。GPFS GNR 是 GPFS 一个重要更新升级，能提供更高的 I/O 性能、可靠性和性价比。较传统的 GPFS 而言，省去了磁盘阵列控制器，采用 JBOD 的方式直接连接磁盘，能够提供高性能、可扩展性、高度的灵活性和健壮性。

作业调度系统：作业调度系统是整个高性能计算系统的灵魂。作为承担实时业务的高性能计算系统，作业的管理和调度直接影响到系统的效率和服务水平。北京市气象局选用 Platform LSF 作为作业管理软件。该系统针对高性能计算领域推出的集群管理系统，支持异构的、分布式 Unix/Linux，Windows 计算环境，提供可靠的集群管理、负载共享、复杂的作业管理及调度功能和大规模并行计算的能力，可以有效提高大型计算任务的资源利用率，从而提高许可证本身的有效利用率，图 4-3 展示了并行作业调度执行过程。

配置监控系统：配置监控系统是保障高性能计算系统正常运行的卫士。该系统主要用于实现特征收集、分析，从而帮助系统优化软件；实现集群运行状态可视化，数据中心运营数据可视化；从系统级、应用级和微架构级实时监控采集集群运行状态数据，自动识别多种系统异常状态提供实时报警，为集群稳定、良好地运行提供保障；自动生成和推送周报、月报、年报，为数据中心工作回顾、总结、改进提供精确报表

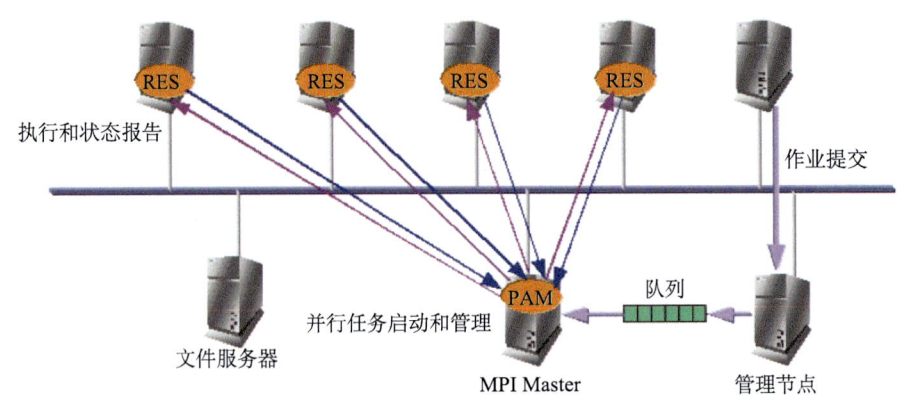

图 4-3　并行作业调度执行过程示意图

数据；运营数据看板以宏观的视角分析数据中心的运营数据，为决策提供科学依据；应用运行特征收集与分析清晰指明系统优化方向，保障系统高效运行。监控系统秒级实时采集和显示的系统级、应用级和微架构级数据，基于这些数据进行实时监控与故障告警。另外，这些数据作为应用运行特征数据保存供离线分析优化系统。

4.1.2　计算能力提升

如何高效运行科学计算一直以来都是高性能计算领域的研究热点。随着科学计算应用与体系结构的日趋复杂，当前高性能计算机的实际运行性能与期望性能的差距与日俱增。但科学计算应用的复杂性与庞大性，为性能建模带来了挑战，同时也提出了更迫切的需求。

北京市气象局将计算节点作为整个高性能计算系统的核心之一，用于承担整个系统的计算任务，可满足北京市气象局当前对于气象数据计算的所有需求。经过本团队的调查和实验，最终北京市气象局统一采用刀片系统提高系统部署密度，提升能耗利用水平并节省占地。采用水冷技术保证计算节点在高负荷情况下运行环境的稳定，确保每个处理器都运行在最佳状态，进而保证整个集群的计算性能不会由于少数节点的影响而降低。

高性能计算系统服务器部署密度高，热量集中。为保障系统稳定可靠运行，北京市气象局采用液冷+风冷相结合的方式，保证整个集群的计算性能不会由于少数节点的影响而降低。具体而言，计算节点采用直接接触液冷方式，通过冷冻站提供一次侧冷冻水，经过 CDU 换热，将符合系统温度和流量要求的二次侧冷却水，通过歧管输送到机柜。机柜的分水管路将二次侧冷却水送入服务器，通过安装在主要发热器件（CPU、GPU 和内存等芯片）上的直接接触冷板进行换热，将服务器的绝大部分（90%）热量带走，图 4-4 为冷量分配控制器结构图。该控制器甚至省去了外置的制冷设备/功率，管道不易结露，机房能源利用效率高。作为直接接触液冷系统的核心设备，冷量分配控制器的主要作用可概括为以下四点。

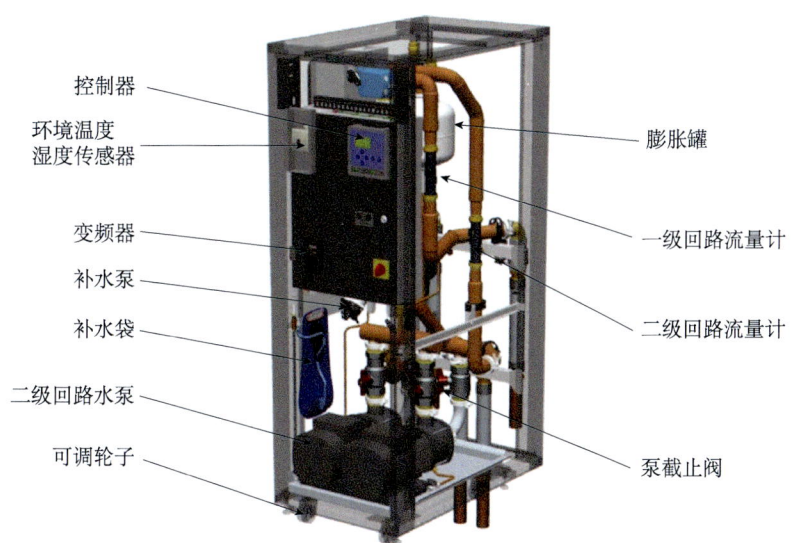

图 4-4　冷量分配控制器结构图

①对二次侧冷却水送水温度进行控制。在设定的送水温度下，冷板的冷却效率能达到优化，同时与机房环境的要求达到平衡。

②对二次侧冷却水供水流量进行控制。在不同负载情况下，对二次侧的供水量进行自动调节，使供水量与系统负载实现平衡。

③完全分离一次侧冷冻水和二次侧冷却水。这可以实现对二次侧供水的水质控制，防止管路和冷板的潜在腐蚀和阻塞故障。同时二次侧的水量少，工作压力低，也有利于整个系统的安全性。

④对冷却系统的实时监控。CDU 可通过网络连接，向机房监控系统提供系统运行的实时数据，在预设的条件下，向监控系统提供警告和告警信息，同时也可以执行监控系统下达的参数和指令，实现机房的自动控制。

高性能计算集群在多个节点进行大规模并行计算的同时，需要进行大量文件及数据访问，对于系统的存储性能也提出非常高的要求，我们将高性能计算系统对计算性能的要求主要归结为以下几点。

①全局文件的统一映像。高性能计算集群相比其他应用而言，一个显著的特点为保证参与计算的所有节点具有统一的文件映象，在任何一个节点，对某一个文件的读写、修改都会在其他节点生效，由于集群规模的增大和访问性能的要求逐渐提高，本项目采用并行文件系统。

②全局文件的高速访问。本项目集群规模较大，高 I/O 应用较多，对存储的访问量很大，对共享存储的访问性能也提出了较高要求。本项目通过提高磁盘阵列的性能、存储介质的性能、磁盘阵列访问接口的性能和 I/O 节点的网络性能来综合提高存储的访问性能，并通过并行存储系统来实现海量文件的并发读写。

③存储系统的大容量。高性能计算集群的规模巨大、数据处理能力惊人，本项目

拟配置的高性能计算集群集中存储的容量已达 PB 量级。

④存储系统的高可靠性。高性能计算集群承担着重要的科研任务，用户的数据具有极高的价值，同时，存储为全局系统，一旦出现故障，将导致整个系统不可用。所以在存储系统中，无论 I/O 节点、存储交换机，还是存储磁盘阵列、存储介质，每个环节都要尽可能地保证高可靠性和高可用性。本项目通过冗余电源、高级别 RAID、双机热备等各种手段保证存储系统的高可靠性。

高性能计算集群承载的数值预报业务每小时都会产生 TB 级数据量，同时该数据需要实时与其他业务用户进行数据共享，制作预报服务产品，因此，为了保证共享的时效，需要配置 6 台文件共享服务器。其他业务客户包含两种客户端（Linux 系统和 Windows 系统）。

根据气象需求，该系统配置了 6 台 x86 架构服务器，专门负责数据共享，每个节点通过 100 Gbps 高速网络接入高性能计算机的计算存储网络，同时通过冗余的万兆光纤连接接入网络。这 6 个节点配置为负载均衡方式，提高性能，同时也起到提高可靠性的作用。随着每天处理数据的增加，技术部门能根据需求灵活增加服务器的数量。

4.1.3　云资源平台

随着信息技术的发展，基础平台的建设成本和管理成本出现了大幅度的提升，基础资源本身部署周期和孤立的基础架构，使得本应为业务发展贡献动力的信息系统逐渐成为业务快速发展的瓶颈。而云计算技术的出现颠覆性地改变了数据中心的 IT 平台建设和服务模式，其在线管理、按需获取、快速交付的特点受到了大多数用户的青睐，所以我们建设了采用云计算技术的数据中心，即云数据中心。云资源管理中心作为云数据中心建设的重要一环，可以将庞大、复杂的数据中心整合成单一管理对象——云。

为降低计算机成本，提高计算性能，北京市气象局将部分数据和业务部署在云资源平台中。云资源平台采用 VMware vSphere 配套软件产品，该系统提供相关授权用于资源虚拟化和管理计算资源、存储资源、网络资源、管理服务器等硬件，同时提供桌面虚拟化服务。VMware vSphere 支持 SAN 阵列、iSCSI SAN 阵列和 NAS 阵列。这些阵列是广泛应用的存储技术。存储阵列通过存储区域网络连接到服务器组并在服务器组之间共享，可实现存储资源的聚合，并在将这些资源置备给虚拟机时使资源存储更具灵活性。VMware 的最大特点是实现虚拟化，它将虚拟机都保存在文件中，可通过移动、复制这些文件的方式来移动、复制该虚拟机。它相对于硬件独立，无须修改即可在任何服务器上运行虚拟机，且系统间互相隔离，互不影响，合理利用了服务器的硬件资源。北京市气象局的云资源管理系统架构如图 4-5 所示。

在服务层，该平台提供了大量的功能管理模块进行云业务管理，最终呈现给终端用户的则是各种云服务。

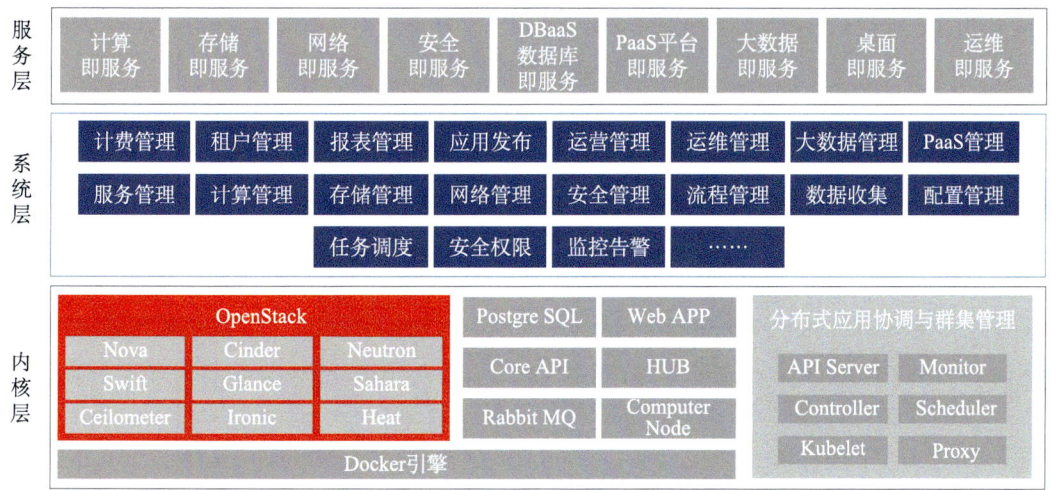

图 4-5 云资源管理系统架构图

在系统层采用开源的 OpenStack 作为平台的"中间层",通过 OpenStack 平台实现了计算、存储、网络资源的统一调度,利用 OpenStack 良好的兼容性和开放性,实现了对异构平台和设备的支持。

在内核层采用基于 Kubernetes 的 Docker 架构,将业务所需的后台服务封装在 Docker 容器中,并采用分布式应用协调与集群管理工具进行容器调度和管理。Kubernetes 是一个开源的 Linux 容器自动化运维平台,它消除了容器化应用程序在部署、伸缩时涉及的许多手动操作。换句话说,当多台主机组合成集群来运行 Linux 容器时,Kubernetes 可用于高效地管理集群。

云资源管理中心实现了对网络、存储、计算、安全、业务等资源的运维管理,以及在此之上的业务自动化编排,实现了计费、流程、日志、应用交付的运营功能,最终通过自助服务门户和运维门户向最终用户和管理员提供相应的服务。

4.2 大数据计算

大数据具有海量的数据和规模、快速的数据流转、多样的数据类型、较低的价值密度,它远远超出了传统数据库软件工具的功能,为社会各行业的发展带来了新思路。大数据收集和处理使决策者可以预测未来的发展趋势,为决策和判断提供数据支持。当前,大数据可以辅助提高气象部门分析能力和数据处理水平,进而提高气象服务的整体水平。

气象行业是信息化建设较早的行业,气象数据和气象产品丰富,涉及地面、高空、雷达、卫星和各类数值模式预报等数据。基于这些数据可以实现天气预报、气候预测以及其他专业的气象服务,而将大数据应用于气象服务的理念,可将非气象类的数据资料与地面观测、雷达、卫星等海量气象数据结合碰撞,并进行深度挖掘分析,以实现气象服务水平的提升和服务方式的创新。下文中我们将从大数据计算框架、大数据可视化两方面介绍北京市气象局对于大数据计算的探索与应用。

4.2.1 大数据计算框架

采用 Spark 技术搭建大数据计算框架。部署 Spark 独立集群，将所有数据处理工作全部放到内存中进行，提升运算效率。通过 DAG（Directed Acyclic Graph，有向无环图）实现所需执行的全部操作、需要操作的数据以及操作和数据之间的关联，对整个任务进行更智能优化；通过 RDD（Resilient Distributed Datasets，分布式数据集）的使用，在无须将结果写入磁盘的情况下实现容错；通过 Spark Streaming 实现流处理能力。

气象数据在计算分析过程中，要求延迟低、容错性高、迭代计算快等。Spark 计算引擎通过基于内存的分布式计算，满足了该过程中的使用需求，显著提升了气象数据的计算分析速度。在业务流程中，计算集群通过 Kafka 消费消息，计算分析完成后，完成数据到 Hdfs 和 Hbase 的存储。

4.2.2 大数据可视化

大数据是继云计算、物联网之后 IT 产业又一次技术变革。面对气象部门海量的数据及产品，通过各种可视化方式让系统操作者实时了解公众气象服务业务的发展趋势是非常有必要的，北京市气象局主要从以下五方面实现大数据可视化。

1. 可视数据加密发布

该应用根据产品的发布频次和采集到的用户信息等数据，可实现逐分钟一次的信息统计，并转化为布局灵活、样式多样和图形效果可视的图像文件，根据用户的展示需求可进行高频次发布与显示，将公共服务产品的发布频次、用户数量以及产品访问情况通过大数据可视化技术手段进行实时显示。

2. 多数据源接入应用

该应用同步统计系统生成的产品接口调用情况及外部用户的访问情况，同时满足多种数据源的接入及实时展示。针对公共服务的不同出口进行多种数据的接入，尤其是公众服务用户的相关数据。完成数据的接入并进行清洗、存储，利用大数据计算方法在后台进行快速分析处理，根据业务使用要求，选择所需要的分析数据进行可视化应用。监测不同端的公众服务用户对服务产品的访问和应用情况，实时显示出产品的访问量、用户访问地以及可获取到的用户画像信息，例如使用什么终端访问、高频访问产品种类、用户年龄区间等，通过可视化手段将数据展示出来。

3. 多模板应用

该模块满足了不同数据种类的展示需求，大数据可视化模块具有多种展示模板，包括折线图、气泡图、三维动态等，满足各类用户的直观感受。

北京市气象局利用 bluemc 等相关工具分析所发布产品中的关键词及出现频次,可以极大地提高效率,聚焦关键点,生成词云图。图中可以直观地看到所选定日期和设定内容,出现的高频词汇按字体大小、颜色、位置进行排列,配色与形状丰富,词频呈现比例准确,可视化结果具有说服力。

该模块对于气象服务数据与用户信息以数据大屏幕方式显示,弱化交互性,强化展示效果,使信息量高度集中。该功能支持非常灵活的布局、样式和图形效果,可以多方位、多角度展现采集信息的各项指标。图 4-6 实时展示了北京市气象局的重要系统——交通能源精细化气象服务系统综合监控可视化展示。它可视化了运行的监控数据,实现了异常数据的实时预警。

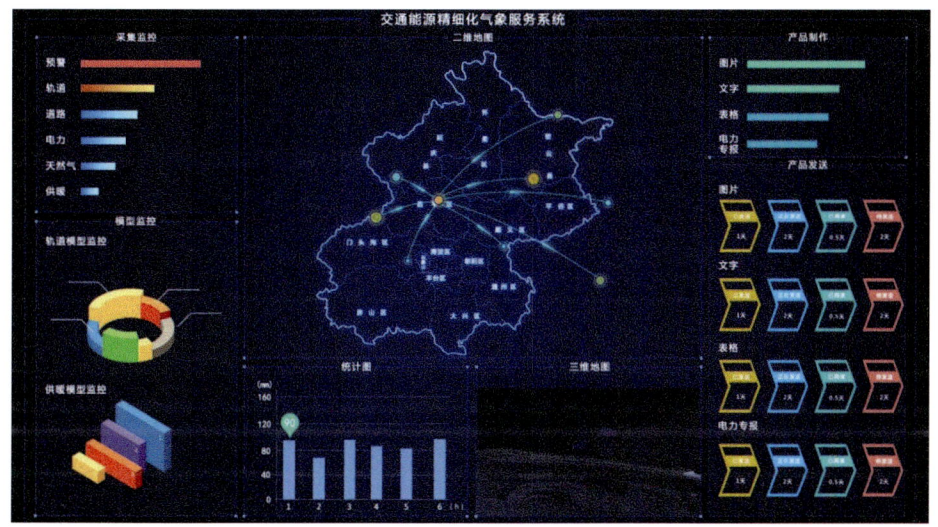

图 4-6　交通能源精细化气象服务系统综合监控可视化展示

4. 多组件应用

大数据可视化模块具有极高的可扩展性,外部开源组件也可同时纳入应用,允许同步参与可视化展示。多组件应用采用钩子策略,可以对一个模块进行组件的调用。系统提供组件管理模块,并提供系统性的各种小组件,这些组件分别有功能性和展示性两种属性,可以广泛地应用于前后端的模块中。系统在钩子中对组件进行调用,对于多个组件,采用顺序调用的方式,先进先调用。

5. 图形化编辑应用

图形化编辑应用对接的数据生成可视化的各类图像,允许用户同步进行批注等自定义操作,使可视化产品展示更为直观、易懂。该应用在第三方图形编辑平台上,充分利用所采集的气象类数据和用户类数据进行参考分析,使用绘制工具实现可视化图形的智能化生成订正;通过方案设置、背景控制等功能,满足多样化、个性化、自由化的图形化产品制作。

第 5 章　数据能力建设

气象观测信息和数据是开展天气预警预报、气候预测预估及各类气象服务、科学研究的基础。鉴于气象服务的数据信息多样，在进行气象数据采集时，一般采取直接观测或遥感探测。这两种方式通过对大气层发生的物理过程和化学反应进行感知和遥感，提供多样化的数据信息，防止出现数据信息单一无法全面反映天气的情况发生。除此之外，由于气象条件的变化多样，气象服务要准确到每时每分对气象条件进行实时地监测和预估，这需要大数据技术有足够迅速的处理能力。由于气象工作与人们的日常生活紧密相关，人们在进行生产实践的时候也都是参考气象条件来决定计划是否执行，因此，气象数据具有较大的实际价值。鉴于大数据的内容和特征，气象工作部门要善于发挥大数据技术的作用和优势，将大数据技术熟练地应用到气象服务工作中去，为人们提供更好的气象服务。

气象大数据的形成是时代发展的结果。随着大数据技术与各行各业的深度融合，国家对气象服务工作的不断重视，将气象服务工作与大数据技术融合起来成为一项重要的工作。北京市气象局充分发挥大数据时代的机遇，从多角度、多途径获取并处理气象数据。为解决大数据集中存储以及结构化数据和非结构化数据统一管理的问题，北京市气象局采用关系型数据库与分布式文件系统结合的方式，实现强大的批量数据处理和分析能力。

北京市气象局为相关部门提供各类天气监测、预报的产品数据以及基础辅助数据，包括常规地面、高空、雷达、卫星等监测数据以及各种预报产品等。在本次冬奥会中，北京市气象局运用二维、三维等可视化表达技术，实现了历史气象数据分析、多元气象实况对比分析等服务。北京 2022 年冬奥会已闭幕，但基于冬奥会发展起来的气象信息技术、运营保障模式等冬奥遗产，还将续写"准确、及时、创新、奉献"的精神。本章从冬奥气象观测及可视化、数据共享、冬奥气象数据服务的实现三个角度介绍北京市气象局对于数据能力建设的贡献。

5.1　冬奥气象观测及可视化

气象观测是保障冬奥顺利进行的重要环节。北京 2022 年冬奥会气象保障工作面临着山区地形复杂、赛区气象观测资料缺乏、冬季山地气象预报经验不足和预报支撑系统缺少等方面的问题。不仅如此，北京2022年冬奥会要求实现"百米/分钟级"的天气预报，即对小至赛场尺度的天气进行预报。这是国际性难题，对气象保障工作的挑战性可想而知。

随着气象现代化不断发展，北京气象监测预警、气象预报预测及人工影响天气作业能力取得了显著进步。但面对冬奥会这样全球顶级体育赛事的需求，以及国家提出的高要求、高标准的服务目标，冬奥的气象保障工作仍面临巨大挑战。

北京市气象局通过冬奥会气象服务保障工程建设，对冰雪运动场地建设与维护提供有针对性的气象服务保障，有效节约建设成本，保障了这一极限运动的安全性。同时通过对雪温、雪质等专业要素的预报预测，为广大冰雪运动爱好者提供气象适宜度预报服务。在保障冬奥会顺利举行的同时，整体提升了冬季运动的气象保障能力。

5.1.1 冬奥会专项探测

为确保冬奥会的顺利召开，北京市气象局从各方面进行了针对性探测。在气象站的新增和改造阶段，为了满足延庆赛区高山滑雪和雪橇雪车赛场气象服务需求，根据冬奥组委反馈的《北京2022年冬奥会气象服务需求》，赛区新建多个自动气象站，重点监测降水量及雪深；为满足精细化预报、雪上赛事特殊服务和人工增雪监测需求，在冬奥核心区周边区域增建多套自动气象站，重点增加固态降雪和雪深观测。

为弥补气溶胶垂直观测盲区，提升环境气象数值模式对冬奥期间的预报能力，提高空气污染气象条件的预报效果，保障冬奥赛期的"北京蓝"，北京市气象局建立延庆地区气溶胶垂直观测系统。

为做好冬奥期间交通气象预报服务，保障冬奥期间市民和观赛群众安全出行，在北京—延庆、北京—张家口重点路段建设和改造多个交通气象观测站。

为实现保障设备和保障人员的快速移动，提升赛事移动应急观测和保障能力，北京市气象局升级改造气象应急指挥车、环境应急车、边界层车、移动雷达车。

为保障冬奥航空紧急救援工作，在航空紧急救援关键区怀柔起落点和延庆赛区各建设一套航空气象监测站。

为加强对延庆、张家口等西北方向高影响天气系统的监测，切实提高该区域高影响天气系统预报水平，同时为北京2022年冬奥会气象服务保障提供重要的雷达数据支撑，北京市气象局在海坨山建设一套新一代气象雷达。该雷达提供海坨山区域复杂地形下高分辨率三维风场及回波探测信息，为北京2022年冬奥会高山滑雪赛事气象服务所需的风、温度、降水等客观预报预警产品提供有效的高时空分辨率三维气象探测信息。

利用部署的各类气象传感器采集气象数据；对前端气象观测采集的数据进行汇集，通过相应的算法对其进行质量控制，得到高质量的气象探测原始数据，将S波段雷达数据组网并与其他探测设备数据通过相关算法融合处理；为精细化气象预报系统、洪涝灾害预警系统、人工影响天气作业指挥系统、短时临近预报系统和数值预报系统提供数据并生成相关气象产品；发布气象产品，为决策、公众、专业行业提供气象服务。

5.1.2 面向冬奥的监控系统

在冬奥赛场的重点区域，气象服务的关注点是实现气象要素与实景天气视频数据的同步获取，实时视频监控赛场能见度、风、雪质状况。基于 WebGIS 技术，接入摄像头实时资料或高时间频率实景照片，以赛场地图为服务底图，显示摄像头位置，显示赛场实景资料，实现时间轴播放和过去一段时间赛场实景，摄像头采集的天气实景可辅助预报服务人员对天气的判断。

统一业务监控系统是整个冬奥数据环境的核心系统，负责整个冬奥数据业务和服务业务的运行与监控以及基础 IT 环境的监控、配置管理、资源管理、报警管理、服务管理。系统结合气象业务自身的特点和需求，打造统一的业务监控与运维系统。

统一业务监控系统在功能上划分为综合监控、内控流程、移动协同、数据分析、可视化决策等六个领域，每个业务领域的目标具有一致性，功能具有关联性，数据具有内聚性。该系统构建了全面的资源配置信息库和监视信息库，挖掘不同系统间的关联关系，针对不同系统、不同设备定制不同的预警策略，对关键性事件支持多媒体声音报警、自动拨打电话报警、发短消息报警、发送电子邮件报警等，通知值班人员或相应的主管人员。基于业务领域的特点，通过数据抽取技术，将不同来源的业务监视数据在统一平台进行展示、统计和分析。统一业务监控系统功能架构如图 5-1 所示。

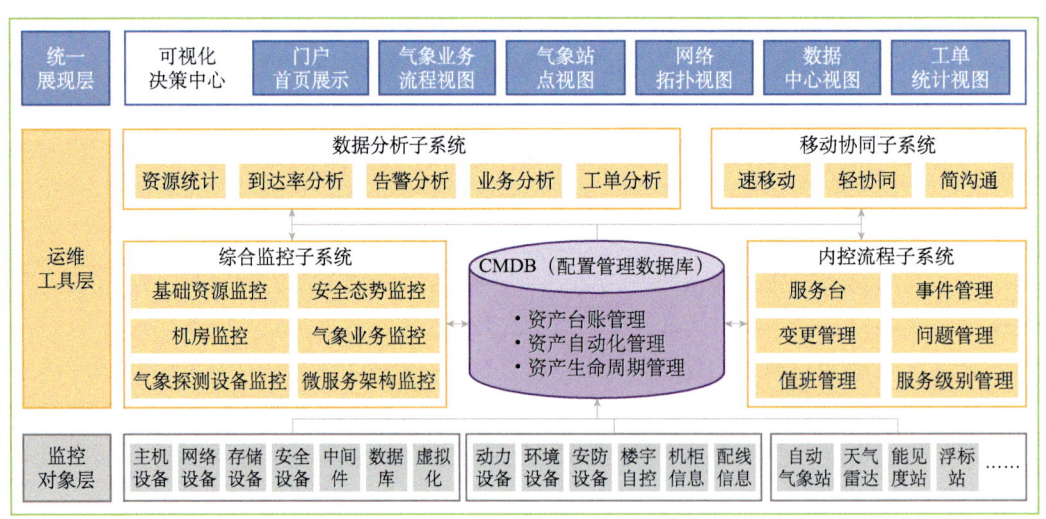

图 5-1 统一业务监控系统功能架构图

综合监控子系统主要针对基础资源（主机设备、网络设备、数据库、中间件、存储设备、虚拟化、安全设备）、安全态势、机房、气象探测设备、气象业务等进行资源配置信息、告警信息、性能信息等方面的统一综合监控。在问题排错的过程中结合事件本身提供最大的信息，便于分析问题，解决问题。该系统与内控流程系统对接，将关键告警信息实时同步到内控流程平台，并自动创建事件工单（故障处理单），为故障的高效、有序、电子化处理提供稳定保障。

内控流程子系统将技术系统、技术人员、管理流程有机地结合起来，实现IT部门日常运维业务的处理以及资源（人、设备）的流程化、规范化、电子化管理，利用该系统提升工作效率，改善服务管理水平。该系统与配置管理数据库（CMDB）系统对接，在数据层面和CMDB系统进行同步，在集中监控平台中查看到基础资源对业务系统运行的影响程度等，帮助用户通过业务分析视图快速、准确地分析故障对业务造成的影响。

CMDB系统是综合运维可视化平台建设的核心，重点针对应用业务系统、服务器、网络设备、安全设备、机柜、机房等多个配置项大类展开CMDB的建设。该系统和集中监控子系统、内控流程子系统的工单管理都存在内部数据接口和信息联动，可以提供基于机房空间位置的资产定位、基于业务系统故障分析的设备定位、基于流程工单的配置关联关系等功能。

5.1.3 面向冬奥的气象可视化

冬奥气象综合业务可视化系统提供冬奥赛区分钟级三维立体观测数据、百米级数值预报产品、赛区精细预报、赛区服务专报以及冬奥业务综合监控报告等综合查询显示，是冬奥预报服务人员查看气象数据资料的重要平台。系统根据预报服务人员需求持续进行多次升级，精细打磨完善交互式体验和多项功能，有效满足了冬奥现场预报服务人员的业务需求。系统同时提供给河北省气象局、国家气象中心、国家气象信息中心以及冬奥组委等用户使用。系统日均访问量约100万次/天。下面从三维可视化数据融合系统、三维可视化平台、系统的三维可视化三个方面介绍面向冬奥的气象可视化。

三维可视化数据融合系统将基础地理信息、可视化对象建模信息、场景信息等按照可视化的要求进行统一的整合和管理，实现场景的全息化构建。根据可视化对象所在场景的描述数据、对象建模数据和实时业务数据，并整合数字化三维模型数据和信息，构建三维虚拟化场景，将对象以动态、全貌进行直观、形象地展示。

三维可视化平台以三维模型为统一载体，将业务数据、实时数据与三维实体模型关联整合，有效消除数据孤岛。平台依靠先进的三维与虚拟现实技术相结合，建立起虚拟世界与现实世界关联、相互感知与互动，从而实现面向真实设备场景、对象的可视化查询、故障定位，为用户提供全新感受的信息管理和操作环境。

系统的三维可视化展示离不开基础信息数据，基础信息管理系统需要对站点信息、站点属性、IT设备信息、设备类别等做基础信息入库管理，以实现通过管理系统对前台展示的页面布局、功能操作、数据库进行编辑、修改。

5.2 数据共享

互联网技术的不断发展带动了大数据技术的发展。大数据技术运用新的数据处理模式对海量信息进行处理，具有规模大、流转快速、类型多样以及价值密度低四大特征。数据是保障北京市气象局系统正常运行的基石，数据建设为北京市气象局的各个业务提供基本保障。北京市气象局意识到数据建设的重要意义，通过各项先进技术处理气象数据，充分体现了体系结构的前瞻性、技术路线的前瞻性以及数据应用设计的前瞻性。

气象数据的种类划分可以归纳为两个方面：一是气象领域本身针对数据内容内涵的分类，如观测平台、时间空间属性等；二是将数据作为信息管理对象的分类，如文件格式、存储方式、容量大小等。但这些数据的价值不仅取决于数据内容本身，还取决于数据是否能够被人们及时获得以及在何时能被应用，所以时效性是气象数据的最本质特征之一。为此，北京市气象局高度重视对气象数据的处理和应用，立足于气象数据服务的基本业务需求，为内部业务用户、行业用户提供标准化、规范化且灵活可定制的个性服务。通过充分优化设计方案，确保系统功能的先进、完备和性能的高效、可靠，保证数据的开放性和兼容性，支持了面向全局的数据服务自动化的业务内容，极大地提高了北京市气象局的资料服务效率。

5.2.1 数据环境建设

气象数据包括气候数据与天气数据。气候数据是使用一定的检测仪器对环境进行测量，将测量到的结果进行分析与整理所得到的数据。随着社会的发展，世界各国对气候的研究有了更深层次的理解，使气候数据的内容有了进一步增长。天气数据是为了预测天气变化而产生的数据，这些数据大部分是来自卫星传输。两者之间的区别主要在于前者往往反映的是一个地区长时间的环境变化，而后者只是表现了一个地区在一定的时间内的环境变化。

冬奥数据环境建设旨在建立以基础数据接收、加工处理、存储管理、共享服务功能于一体的标准数据流程及支撑平台，该流程和平台具备结构化和非结构化资料相结合、存取高效、管理便捷、交互性强、可快速扩展的特点。在保证数据质量和稳定性的前提下，不断提升访问效率。为实现上述目标，北京市气象局将各个业务的数据环境按照功能分为数据收集与分发系统、数据加工处理系统、数据存储与管理系统、综合数据分析显示服务系统、统一业务监控系统、元数据管理系统六大子系统，分别用于处理各类数据问题。

数据收集与分发系统：通过所配置的分发策略，由已开发的标准接口，向内外网用户提供气象产品，最终实现为北京市民提供优质气象服务，为冬奥的成功举办提供气象保障。

数据加工处理系统：接入的外部数据包括地面气象观测资料、高空气象观测资料、卫星资料、数值预报资料、雷达资料、闪电定位资料等多源异构数据，为其他分系统提供数据服务之前，需要对数据进行如下操作。

1. 数据有效性检验

针对系统获得的外部数据进行质量控制，即有效性判别，包括对常规观探测资料进行缺测值检查、合理性检查、一致性检查、连续性检查、时间变化率检查；对外部卫星资料进行气候阈值检验、空间一致性检验、双权重方法检验；对数值预报资料与雷达资料进行有效性检验和对闪电定位仪资料进行完整性检验等。

2. 数据标准化处理

接入的外部数据包括 GRIB、BUFR、HRIT、DAT、HDF5、NetCDF 等多种格式，为了更好地提供数据支撑，需对满足质量要求的外部数据进行格式的统一转换，将解码后的数据按照指定的命名规则进行产品文件命名，生成用户所需的格式数据。

数据存储与管理系统：主要以气象设备观探测资料、地面气象资料、高空气象资料、气象卫星资料、气象雷达资料、数值预报资料、CMACast 等气象资料为基础，依据相关气象技术规范，完成对系统收集、加工处理、交换生成的各类气象水文数据及产品的标准化、规范化存储管理，建立气象信息综合数据库，同时对气象文档进行存储，实现本单位气象相关的文档、技术报告、相关照片等的归档，支持用户新建目录，并为其他分析系统提供统计分析产品及数据的存储与更新，同时对外提供方便快捷的数据访问接口和气象产品的制作、发布、浏览和综合查询接口。

综合数据分析显示服务系统：该系统是冬奥气象服务数据环境中对数据管理的一个基本需求，系统支持对采集到的气象数据进行统计分析、可视化展示。主要功能包括基于分布式技术的气象数据处理、气候极端性分析、灾害性天气综合监视预警、历史、实时、预报一体化分析、多元数据分析挖掘、基础地理信息显示、数据交互分析及分析产品输出；支持基于统一的地理信息系统进行要素叠加显示、动画显示、分屏显示，支持放大、缩小、漫游等基础地理信息功能；支持人机交互分析功能，支持按照表格、图形图像等多种输出打印功能。

统一业务监控系统：建立稳定的数据环境有利于提高运维效率和自动化程度的需求。云计算、大数据的发展，已经使业务集中监视和自动化运维成为可能，运维的自动化提高故障处理时效，增强系统的稳定性，提升用户的服务感受。需要改变目前运维系统处理故障的模式，实现故障分析的自动化程度，提高运维流程化水平，提高自动化运维的能力。

元数据管理系统：在数据处理中，充分利用元数据，保证稳定的数据环境。元数据（Metadata）又称中介数据、中继数据，为描述数据的数据（data about data），主要是描述数据属性的信息，用来支持如指示存储位置、历史数据、资源查找、文件记录等功能。气象元数据管理系统是根据气象元数据的使用方式来管理组织各类气象数据资产的流程，这个流程能集成、链接和集中管理多个来源的气象元数据，便于在整个业务系统内妥善维护、分析、使用和解释数据，元数据管理系统负责更好地组织和管理北京市气象局的气象数据，发挥气象元数据在各气象业务系统中的作用。

5.2.2 数据应用系统建设

北京市气象局按照数据来源和数据类型的差异，建设了多个不同功能，用于满足不同业务需求的系统，其中比较典型的系统为：交通能源精细化气象服务系统，气候环境评估应用系统，公共气象产品加工、共享及分发系统，三维立体气象影视多媒体融合系统。

1. 交通能源精细化气象服务系统

该系统结合了大数据挖掘和人工智能等最新技术，实现跨行业数据收集和规范化管理、交通和能源的"点－线－面"三个维度气象灾害监测预报预警专项服务、可视化展示和智能化发布等功能，完善北京和京津冀地区交通能源立体化服务体系，提高交通和能源输送沿线气象灾害的监测、预报、预警等服务水平，提升城市交通能源气象灾害应急服务能力，高效快速地为北京及京津冀地区交通和能源相关委办局、城市安全运行保障部门和单位提供有针对性的气象服务，最终提高京津冀1小时交通圈、能源设施和输送气象服务保障能力。交通能源精细化气象服务系统的建设，可实现城市安全运行气象保障服务的精细化、专业化、智慧化、现代化，满足大城市智慧化和精细化管理需求。

该系统以提升专业气象服务能力为重要着眼点，依托北京市气象局数据网络，基于目前行业气象服务的前沿技术，打通各部门信息数据壁垒，促进气象局与交通能源部门综合信息共享和服务对接。系统建设综合运用各种人工智能、大数据分析等最新技术，根据大城市交通能源等安全运行需求，解决目前存在的问题，制作气象服务产品，为政府部门、行业用户提供专项气象服务。

交通能源精细化气象服务系统信息流程如图5-2所示。

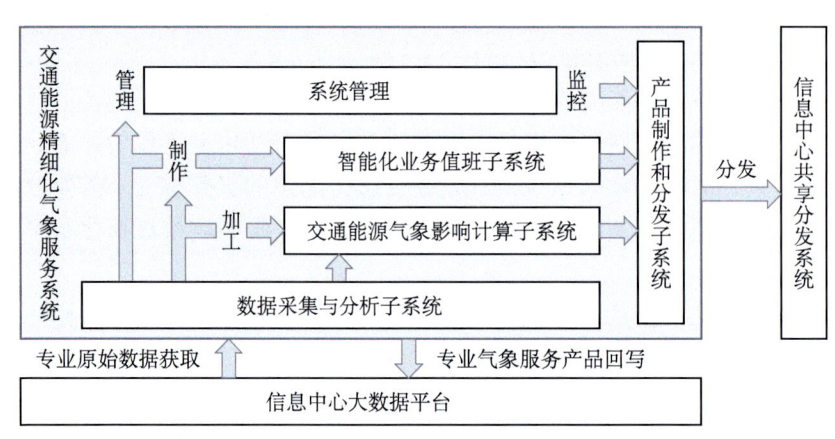

图5-2 交通能源精细化气象服务系统信息流程

2. 气候环境评估应用系统

该系统集气候信息采集与管理、风环境和热环境监测评估及相关气候信息与评估产品查询显示与共享服务等功能于一体的综合网络业务服务系统。该系统依托北京市气象局骨干网络、高性能存储系统和气象大数据存储平台，构建集气候环境信息管理、气候环境监测评估、气候环境查询显示、气候环境信息共享于一体的系统平台，为决策部门和公众提供气候环境信息查询功能与气候环境信息服务产品。

通过建设该系统，实现了北京地区气候环境信息采集与管理，包括对气象站点观测的气象要素数据、城市基础地理信息数据、遥感数据的采集及以上数据库的管理；实现北京城市风环境和热环境的监测、评估与相关服务产品制作；北京气候环境信息监测评估服务产品查询显示与开放共享水平提升；提供城市热岛、生态冷源、通风潜力评估及城市通风廊道规划建议等服务产品，为政府、企业、市民在城市规划、建筑布局设计、大气污染控制等领域提供城市气候环境信息服务，有效推动北京城市规划建设与区域气候环境的协调发展、合理规划和保护用于改善城市气候环境的土地。

气候环境评估系统业务信息流程如图 5-3 所示。

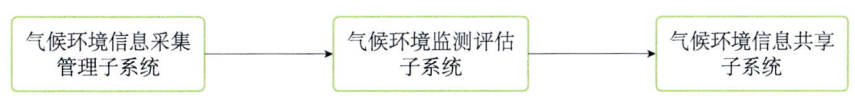

图 5-3　气候环境评估系统业务信息流程

通过气候环境评估系统业务信息流程可以看出，该系统首先实现气候环境信息的采集与管理，即通过气候环境信息采集管理子系统，完成从观测系统获得气象数据、遥感数据，从相关业务部门获取地理信息、城市规划建设等共享数据及产品，为气候环境监测评估子系统提供大量的基础数据，以及各种观测数据、城市规划建设等的传输、解析，并负责整个平台数据流的管理和监控；实现气候环境的监控与评估，即从气候环境信息采集管理子系统中调取相关数据，并进行加工、处理等制作成供用户使用的气候环境监测评估产品；实现气候环境信息共享，即通过信息共享子系统将服务产品发送到不同的服务用户，为政府部门科学决策提供依据。

3. 公共气象产品加工、共享及分发系统

该系统在统一信息标准规范下，实现北京市气象局市、区两级服务产品统一管理和共享；在云服务的基础上，面向各类用户，开发具有普适性的标准数据接口，实现气象信息服务广覆盖；制定智能化的信息发布策略，以满足外部不同用户的个性化获取需求。搭建公共气象产品加工及共享平台，形成内容丰富、形式多样的现代化公共服务产品加工业务支撑体系，为社会公众提供专业的移动互联平台，形成气象信息权威出口。

通过构建北京市气象局现代业务服务体系，为北京市各级政府、相关委办局、城

市安全运行保障部门和社会公众及时提供气象灾害防御、决策气象服务、公众气象服务、专业专项气象服务信息支持。该系统首先对接北京市气象局统一的虚拟化资源池及大数据接口平台,对数据进行请求解析及加工控制。获取数据后,结合用户对不同产品的需求,分别采用自动加工及定制加工两种方式进行产品加工。其中,自动加工全程无人工干预,系统自身按照配置的策略定时自动化加工生成产品;定制加工则将依托本系统同时建设的文稿编辑器、敏感词监控、表情包插件等模块,由人工对基础产品进行二次加工,满足不同用户的定制化要求。此外,本系统还将建设文稿共享区及通知模块,允许使用本系统的各用户随时分享稿件乃至对内容进行合作编辑。最后,本系统制作各类标准化数据接口,实现产品分发的功能。

公共气象产品加工、共享及分发系统信息流程框架如图5-4所示。

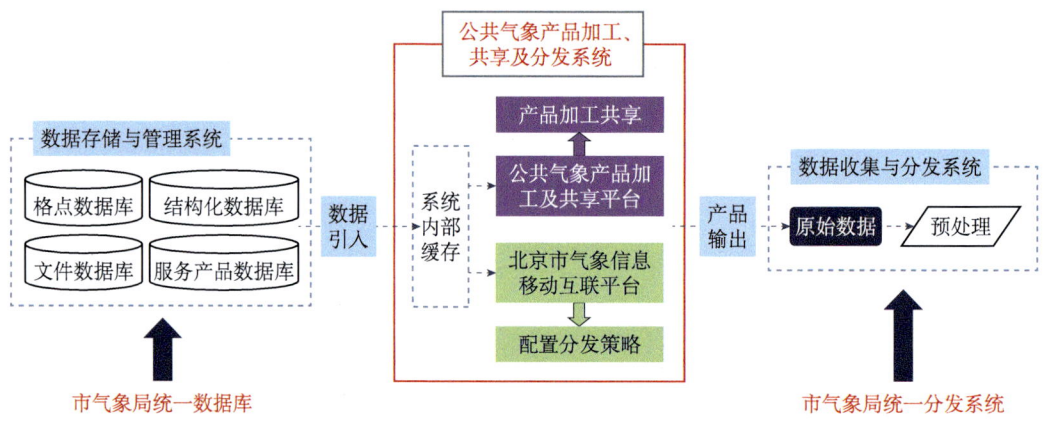

图5-4 公共气象产品加工、共享及分发系统信息流程框架

从信息流程框架中可以看出,该系统共包含以下执行步骤:气候环境信息共享直接对接北京市气象局统一数据库。部分常态化产品直接进行自动加工。需要定制加工的产品,则由操作者视具体需求调用所需数据后,在本系统中进行相关加工操作。加工过程中产生的中间产品,系统内部缓存,并允许操作者查看可视化处理后的结果。通过公共气象产品加工及共享平台对产品进行加工,并生成最终产品。北京市气象信息移动互联平台进行分发策略配置,并提供系统外部的接口服务。将所有生成的产品以接口服务的形式提交至北京市气象局统一分发系统,北京市气象局统一分发系统依据移动互联平台提交的分发策略,对内、外网用户提供产品服务。

4. 三维立体气象影视多媒体融合系统

该系统在现有的电视气象节目制作系统基础上,使用最先进的视音频技术、计算机技术和网络技术等对原有的系统进行升级改造,同时按照未来多媒体融合的发展方向,以及先进的"中央厨房"的理念和功能重新勾画。在采集阶段,整个资源可以共享,各部门之间协同作业,使得新闻、信息等素材资源的利用价值最大化。在编辑阶段，根据不同媒体的特点和需求生成多种不同的产品，并新建多个功能系统，实现布局合理、功能健全、技术先进、运行集约的气象影视多媒体融合系统。其总体逻辑框架如图 5-5 所示。

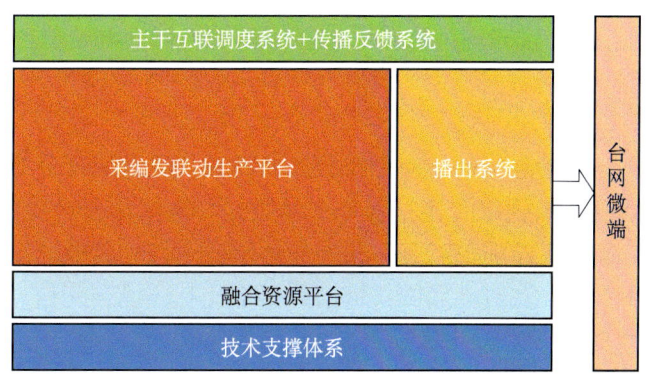

图 5-5　三维立体气象影视多媒体融合系统总体逻辑框架图

5.2.3　气象数据库构建

气象数据库系统作为气象信息共享平台的重要管理系统，其体系结构和技术的复杂程度均是前所未有的，需要在集约化和标准化原则下，充分利用成熟的商业数据库技术和大气科学领域的相关技术加以构建。同时，气象数据库管理大量来自于不同业务轨道、不同属性的气象数据，为业务、科研以及政府、公众等各用户提供快捷方便的数据服务。所有数据资源和应用系统均需要集成在统一的平台框架内且为用户提供全局数据导航和获取接口。气象业务数据特点是数据量大、并发处理量大、时效要求高，同时对数据的安全性有较高的要求。日常的小型数据库不能满足气象数据存储的要求，因此，北京市气象局采用性能强大的 GBase 数据库等多种数据库处理气象数据。GBase 数据库是南大通用数据技术有限公司推出的自主品牌数据库产品，在国内数据库市场具有较高的品牌知名度。该数据库针对大数据行业的需求，以满足用户对大数据个性化需求为出发点，优化了大数据场景下的数据库需求方案，更利于各行各业，特别是气象、能源等重要行业的应用。具有较高的可用性、可靠性和技术成熟度，很好地满足了北京市气象局对于存储和处理复杂数据的需求。

气象数据主要来源于相关部门不同类型的天气监测、不同预报系统的产品数据以及基础辅助数据，包括常规地面观测、高空观测、雷达观测、卫星观测等监测数据以及各种预报方法的输出产品和基础的地理信息数据等数据。根据数据的类别，建成了观测数据库、业务产品数据库、目录和元数据库、运行支撑管理数据库等。以下重点介绍这些数据库以及北京市气象局对于数据库维护管理建设内容。

1. 观测数据库

近十几年来，北京市气象局先后利用政府财政拨款建设了五百余个地面自动气象站，覆盖整个北京区域。地面自动气象站收集逐分钟的风、湿、温、压等大气观测数据。除此之外，每日定时的探空数据、雷达、云高仪、风廓线雷达、雷电观测等多种仪器设备，收集大气风速和温度垂直观测、水平能见度等数据信息。北京市气象局利用全国气象宽带网收集华北以及全国的各类观测数据，按照数据量的类型，将其大致分为业务产品数据、辅助数据、目录与元数据、运行支撑管理数据等类型。

2. 业务产品数据库

基于观测数据，根据自身业务及公众服务的需求，经过统计分析以及各类预报方法模拟计算后产生业务数据以及预报业务产品数据。包括每天产生的天气预报信息、气候预测信息、Rmaps 模式预报产品、国外数值预报产品、其他区域的预报产品，每天的数据收集量在 150 G 左右。其中，辅助数据主要有环境空间信息数据（基础地理信息数据）、环境数据等各类统计数据。

3. 目录与元数据库

元数据是关于数据的数据，用于描述要素、数据集或数据集系列的内容、覆盖范围、质量、管理方式、数据的所有者、数据的提供方式等有关信息。元数据可为各种形态的数字化信息单元和资源集合提供规范、普遍的描述方法和检索工具。元数据不仅起到数据描述的作用，也起到管理数据、数据共享、资源发现、知识管理方面的作用。

4. 运行支撑管理数据库

系统运行支撑的数据，也称为系统管理数据，主要指业务平台和数据存储管理为了自身的管理需要而产生的数据。这部分数据主要伴随应用自动进行建库、维护与更新。

系统从部署在各业务系统数据库中抽取所需的数据。业务数据抽取接口的主要功能是从各业务系统数据库（已建的业务数据库）中抽取数据。鉴于本系统涉及的已建数据库数量多、结构不同、采集数据量大等特点，技术部门采用成熟的工具，定制对不同系统数据库的数据适配接口，以便捷实现对各业务系统数据库中数据的抽取。

从数据抽取的时效性角度分析，数据抽取存在两种方式：一种是实时或准实时的数据抽取，即数据抽取子系统需要实时访问数据源或应用系统，以及时获取和传递数据。这类数据抽取适用于对时效性要求较高的业务数据抽取；另一种是按一定的规则周期性地获取数据，如小时、天、周、月等。这类数据抽取适用于大多数对数据时效性要求不紧迫的业务数据。数据抽取子系统提供的适配器能够支持灵活地定义数据抽取的频率，根据实际需要，采取实时的或定时的数据采集和传输方式。

采集系统收集的数据在经过确认后，将实现统一的存储。为提高工作效率，需要针对不同的监测指标，根据业务需求以不同方式、不同频度对流转过来的原始采集数据进行预先的统计汇总处理，以减少用户执行查询操作的时间。同时，汇总任务预处理可以极大地改善系统性能，防止大量汇总工作集中执行，造成系统性能急剧下降而影响数据采集工作。

5. 数据库维护管理建设内容

随着气象信息网络应用的不断深入、业务系统功能的不断增加、气象数据呈几何倍数增长，对气象信息网络相关设备与气象数据的运维提出了更高的要求。气象信息系统运维人员与时俱进学习新知识，及时总结日常工作经验，优化运维流程，提高应对气象信息系统风险能力十分必要。气象数据采集、加工处理、预报预测、共享服务、存储归档等气象业务和科研各个环节离不开业务专网中服务器和终端计算机软硬件的支撑，关系到气象业务及科研的正常开展。北京市气象局数据库维护管理建设内容主要包括数据字典管理与维护、元数据管理与维护、数据资源目录管理与维护等。

数据字典是关于数据的信息集合，即对数据流图中包含的所有元素的定义的集合。数据字典中存储了系统需要使用的各类配置信息以及各类服务组件所使用的公共信息。系统要定义公共数据字典和系统配置数据字典两类数据字典，还要开发数据字典服务组件，对整个系统所使用的数据字典进行管理。数据字典中对业务数据和各类操作数据的命名参考国内外相关标准，其中业务类核心数据符合国家行业颁布的最新标准，如水利部制定的河流、工程、水文参数等命名；操作数据参考国家和国际上的计算机信息系统类相关标准；对于尚未明确规定的元数据，由本系统给定统一的执行标准。

元数据管理与维护功能包括元数据基本管理、元数据版本管理、元数据全文检索、数据转换、元数据分析和系统管理等。

数据资源目录管理与维护提供资源目录的管理与服务功能，包括数据资源查询与统计、数据资源录入与维护、数据资源核准与发布、数据资源目录定制、数据资源目录导出服务等功能。

5.2.4　数据采集、分发、加工处理策略

在云计算与大数据时代，数据量大、价值密度低、速度快、时效高，因此，指定合理的数据采集、分发和加工处理策略是很有必要的，对数据的合理利用能挖掘出许多有效信息。在交通数据的采集中，数据采集管理模块主要满足大量气象类基础数据、交通能源数据（轨道交通、道路交通、电力用量、最大电力负荷、供暖情况、天然气用量、交通能源气象灾害等）、地理信息和社会经济数据及预警信息等数据采集入库管理需求，实现对系统收集整理的各类数据和产品的标准化、规范化管理和数据质量控制和监控功能。具有兼容性强、随时更新和运行稳定等特点，同时与系统多模块对接，快速数据传输，稳定高效，为模型运算、产品制作、数据展示等功能模块提供数据基础支撑。数据来源分为两个部分：第一部分为气象基础数据采集，第二部分为行业用户交换数据。第一部分数据采集基于北京市气象信息中心的数据中心进行数据对接，分为数据接口、数据库、FTP和文件共享四种方式。第二部分数据采集为行业用户提

供的非气象数据，根据用户共享方式可分为实时采集和一次性对接。下面以交通能源精细化气象服务系统为例，介绍数据采集、分发、加工处理策略。

产品分发模块是系统的核心模块之一。由 FTP 发送、邮件发送、复制发送、数据库发送、传真发送、API 发送、重新发送、产品分发状态监控 8 个子模块组成。所有制作的交通能源气象服务产品都可以通过本模块进行实时自动或者用户手动发送，按照要求进行产品的发送。模块有发送状态监控，并提供补发的功能。发送类型包括现在常用的文件复制、邮件、FTP、数据库、传真、API 接口等。通过用户通信录和发送的产品进行匹配，设定规定时间、发送产品、对应用户通信录中的发送方式，产品分发功能模块将根据分发配置，对产品进行分发。

在交通能源精细化气象服务系统中，FTP 接口是发送数据的重要接口，FTP 是文本传输协议，它的传输速度快，适合大数据量产品的发布。在具备 FTP 服务功能的情况下，如果用户进行产品请求或定制时选择采用 FTP 方式获取，系统会将相应的服务产品推送到 FTP 服务器上，同时分配相应的账户、密码并将其发送给选中的联系人。FTP 发送优点是高效、传输数据量大。图 5-6 为 FTP 发送流程。

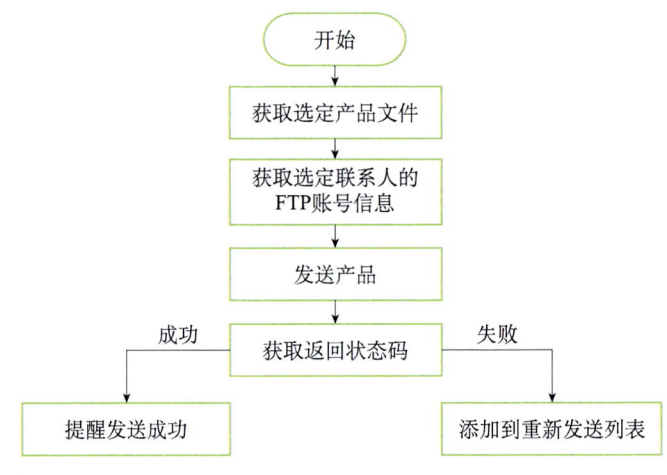

图 5-6　FTP 发送流程

在数据传输中，优先选择邮件传输。如果产品服务用户进行产品请求或定制时选择电子邮件方式获取，则系统会自动或手动将注册信息中的 E-mail 地址显示，并以 E-mail 的方式分发至产品服务用户，发送失败的邮件会在重新发送界面显示。邮件发送优点是高效、操作简单、用户量大。

指定时期采用传真接口，传真分发是一种成熟、快捷的信息接收手段，适用于小数据量的产品发布。集成已有的传真发布系统，使之具备传真的发送、管理功能。适合文字类信息发送。传真时获取联系人的传真信息，将需要发送的文本通过传真发送给对方。

基于主流分布式计算调度框架，所有产品加工算法按照统一标准注册、加载、运行。这种机制使得系统层次清晰、设计灵活、可扩展性好。基于可视化分析技术，流程定义和任务执行分开。产品加工流程改动只需修改对应配置文件，新增一种算法，只需添加一条配置信息。

当交通能源精细化气象服务系统执行任务时，会读取组件配置文件，然后根据配置文件的算法顺序、算法地址、输入输出参数依次执行算法，最终把执行结果输出到指定存储区域。当作业执行顺序和算法改变时，把更新的算法发布到指定的目录下，然后在配置文件里修改算法执行顺序或算法地址，这样，系统再执行时就对算法重新加载执行。同理，加工处理系统通过该框架可以动态删除一个或多个算法，实现即插即用服务功能。

5.2.5 数据存储、管理、可视化方案

在大数据时代，海量的数据整理成为各个企业亟须解决的问题，该问题对北京市气象局而言同样棘手。因为原有的存储模式已经跟不上时代的步伐，无法满足数据时代的需求，导致信息处理技术无法承载信息的负荷量。面对每天以 TB 级别增加的大量数据流，北京市气象局设置了合理的数据存储管理和可视化方案，对保证数据安全、利用数据信息具有重要意义。

对于交通能源气象数据的存储与管理，工作人员在信息中心虚拟化资源池基础上，基于分布式数据库和分布式文件系统进行存储设计。其中，云计算平台分布式文档数据库采用非关系型的数据库 Cassandra。该数据库是一个开源的、分布式、高可用性、面向行的数据库，它最初由 Facebook 创建，用于储存收件箱等简单格式数据。此后，由于 Cassandra 良好的可扩展性，被 Twitter 等知名网站采纳，成为一种流行的分布式结构化数据存储方案。这种存储方式具备更灵活的架构，而且能更加适应气象局日益增多的非结构化数据。

为设置便捷、对用户友好的数据获取方案，北京市气象局技术部门还提供数据统一读写接口，用于隐藏数据的具体存储实现。用户只需要知道自己所使用的数据的数据类型及时间信息等，而不需要知道数据具体的存储方式与存储位置就可以获取所需要的数据。对于交通能源气象数据，技术部门对于大文件和小文件采用不同的存储方案。

对于非结构化小文件的存储，采用 HDFS 系统。HDFS 是 Hadoop 体系下适合运行在通用硬件上的分布式文件系统，是一个高度容错性的系统，供高吞吐量的数据访问。Hadoop 实现了一个分布式文件系统，用户可以在不了解分布式底层细节的情况下，开发分布式程序，充分利用集群的威力进行高速运算和存储。HDFS 采用冗余数据存储，增强了数据可靠性，加快了数据传输速度，除此之外，HDFS 还具有兼容的廉价设备、流数据读写、大数据集、简单的数据模型、强大的跨平台兼容性等特点，非常适合大规模数据集上的应用。

对于大文件的存储，技术部门使用了开源分布式 NoSQL 数据库系统 Cassandra。Cassandra 的主要特点是不单单是数据库，也是由一堆数据库节点共同构成的一个分布式网络服务。这就使得对 Cassandra 的一个写操作，会被复制到其他节点上去，对 Cassandra 的读操作，也会被路由到某个节点上面去读取。对于集群而言，相对于其他数据库，其扩展性能简单，只需要向集群中添加节点。和其他数据库比较，Cassandra 有三个突出特点适合处理大文件：其一是模式灵活，文档存储不必提前解决记录中的字段，可以在系统运行时随意地添加或移除字段。这是一个惊人的效率提升，特别是在大型部署上。其二是可扩展性强，Cassandra 是纯粹意义上的水平扩展，为给集群添加更多容量。其三是多数据中心，可以调整节点布局来避免某一个数据中心起火，一个备用的数据中心将至少有每条记录的完全复制。

交通能源气象数据存储流程分为以下四步：①系统开始读取数据操作，将空间信息、格点数据文件读取到系统中；②读取存储策略文件，该文件定义如何对影像数据文件和格点数据文件进行切割的方法，如对于格点数据可以按照策略进行分片处理；③根据数据处理策略文件来对交通能源数据文件、格点数据文件进行切割处理，以产生切片文件；④记录本次数据操作过程日志，以便日后分析。

交通能源气象数据优化存储主要是提供海量的高分辨率数据，提供后台预处理的解决方案，针对高分辨率（如 1 千米模式预报）数据量庞大、前端展示效率低等问题，提供高分辨率数据的综合分析和预处理技术，数据可视化预处理，支撑前端快速应用。

根据气象数据特征，定义某个维度粒度查询数据，尽量满足查询数据的最小粒度，最低支持为毫秒级别。合理设计数据分片和数据分配方式，分片的方式分为时间水平分片、要素垂直分片、导出分片和混合分片。时间水平分片是按一定的条件把全局关系的所有元组划分成若干不相交的子集，每个子集为关系的一个片段，包括温度、湿度分布等的表现形式。要素垂直分片是把一个全局关系的属性集分成若干子集，并在这些子集上做投影运算，每个投影称为垂直分片，包括建立多分辨率三维模型、矢量数据显示（界限、流等）、栅格数据（如卫片的 LOD 模型）。导出分片，又称为导出水平分片，即水平分片的条件不是本关系属性的条件，而是其他关系属性的条件，包括气流、高空等的表现形式。混合分片综合了以上三种分片方式进行数据分片。

气候环境评估应用系统和三维立体气象影视多媒体融合系统等气象产品，其数据存储、管理的核心思想与上文中所述交通能源精细化气象服务系统的数据存储、管理思想大致相同，但也各具特色。

不同系统的数据来源和数据功能不同。在气候环境评估应用系统中，其重要功能为对所有风环境和热环境气候信息进行采集、处理和数据管理。具体而言，该系统通过调查采集各个气象观测站的基本信息、地理信息、观测环境等信息，所有信息通过观测站环境信息采集模块录入到数据库中进行管理，气象观测站的分布，如表 5-1 所示。

表 5-1　气象观测站分布

市域内国家级气象站 20 站	海淀、朝阳、观象台、丰台、顺义、汤河口、密云、怀柔、上甸子、平谷、通州、大兴、斋堂、门头沟、房山、霞云岭、延庆、昌平、佛爷顶、石景山
市域内区域自动气象站	北京市所有运行的区域自动气象站
市域内风廓线雷达	北京市所有运行的风廓线雷达

在三维立体气象影视多媒体融合系统中，数据的加载完全基于 HTTP/HTTPS 协议进行传输，该协议是一种超文本传输协议，是一个基于请求与响应的应用层的协议，常基于 TCP/IP 协议传输数据，现在已经成为互联网上应用最为广泛的一种网络协议，所有的 WWW 文件都必须遵守这个标准。数据主要来源于创新网络自主 API，加密加权限验证可保证数据的稳定可靠。

该系统的数据缓存功能是为了减少数据加载模块压力及提高系统运行稳定而增加的功能，其主要依赖于文件系统，按一定的规则对数据进行加密缓存，以保证数据等资源在有效期内不会重复加载。

在数据管理方面，可实现对系统其他各模块进行调度并实现对整个系统的配置，提前按一定规则对系统需要的所有数据及资源通过加载模块和缓存模块进行预加载并缓存，以实现完全物理断网情况下的展示。

开发三维立体气象影视多媒体融合系统的数据展示模块是核心内容，最终实现地图引擎自主研发。具有体积小、运行效率高等特点。可方便接入外部地图瓦片；高效渲染 API 中矢量数据；高效叠加少量统计数据点；用粒子流方式高效渲染风场数据。

气象数据的可视化也是北京市气象局各个系统需要重点研发的功能之一。可视化就是把数据、信息和知识转化为可视的表示形式的过程。使用有效的可视化界面，可以快速高效地对数据进行解读和分析，并以用户可感知和易理解的方式进行服务和解读，可视化的技术应用使数据和挖掘结果更容易理解。数据可视化在气象服务领域的发展，已经成为提升气象服务传播效果的有力途径。气象数据可视化呈现通常需要和地理信息相结合，地理信息技术的应用在气象数据可视化展示方面已得到广泛的应用，借助在线地图进行气象数据的综合应用在众多业务系统开发中被广泛应用。以往气象数据可视化应用多集中在实时业务单位，气象数据可视化的通俗性和美观程度方面有所欠缺，系统在使用过程中对操作人员的专业性要求较高，如何搭建便于气象服务领域用户使用和展示的可视化系统成为北京市气象局技术部门需要解决的问题之一。

在交通能源气象数据的可视化方面，北京市气象局充分考虑了交通能源精细化业务要求，并兼容常用格点显示类型，主要实现了以下多种显示方式：地面站点填图、常规资料以及模式资料的多方式综合叠加显示，涵盖站点图、等值线图、色斑图、格点图、风场图、流场图、剖面图、曲线图等。其中曲线实现支持历史数据分析及专业气象服务填图的显示（如供暖指数），提供历年值、五年滑动、平均值、距平值等多种信息显示。图 5-7 为北京市气象局对于交通能源气象数据的可视化结果，分别为 GIS 地图显示、统计图显示、综合监控可视化展示。

在三维立体气象影视多媒体融合系统的可视化方面，技术部门花费了大量心血打造各类三维窗口，具有很强的兼容性和扩展性。具体而言，支持两路活动视频的输入/输出，可扩展到支持四路活动视频的输入/输出，并支持高清视频片段插入。摄像机聚焦虚拟三维物体/虚拟视频窗时，虚拟物体的图形清晰，不会产生电子放大，该系统还具备三维数据可视化工具，能够根据数据源实时地转化为柱状图、饼状图、直方图等三维立体图表，并以虚拟三维物体的方式在主持人前方或后方出现，且该系统支持全场景实时抗锯齿，具备硬件加速能力，采用 32 位真彩色，支持像素级光源，支持 HDR 高清动态环境贴图。图 5-8 为三维立体气象影视多媒体融合系统各个功能的可视化结果显示。

(a) GIS 地图显示

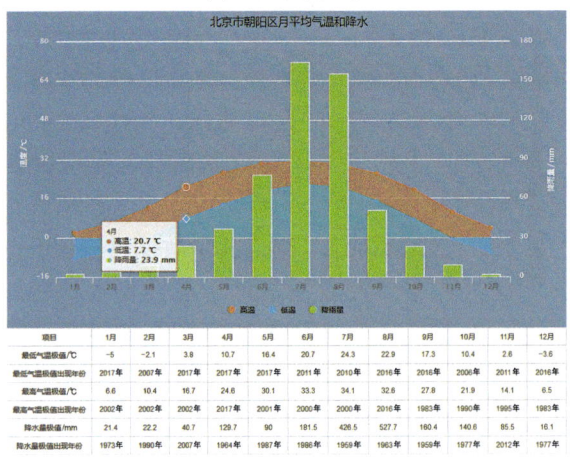

(b) 统计图显示

图 5-7　交通能源气象数据可视化

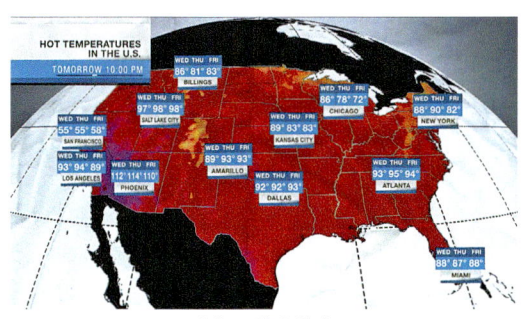

(a) 三维立体窗口

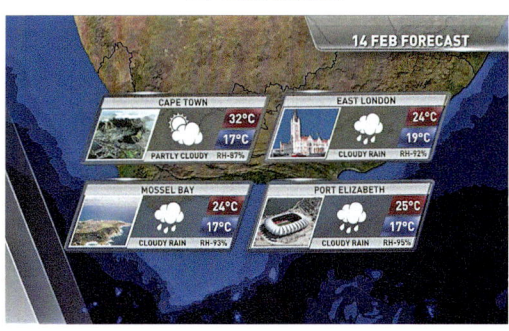

(b) 三维立体效果

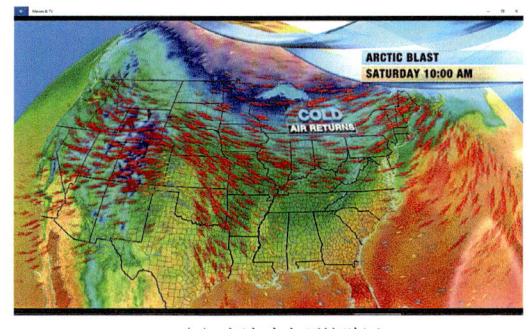

(c) 高清动态环境贴图

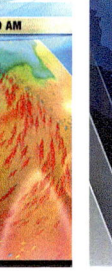

(d) 实时调整信息

图 5-8　三维立体气象影视多媒体融合系统可视化

5.2.6　数据共享开放策略

气象涉及的数据种类繁多，各种观测数据和产品多达上百种，且每种数据均分属于不同的部门单位，用于开展相应的业务及管理应用。因此，需要建立一套数据资源获取的有效通道并建立获取机制，切实有效地推动工程开展。为在保证数据安全的情况下实现数据共享，制定了共享数据的原则，共享数据首先必须是标准的，其次共享的方法和途径必须是规范的。解决平台各系统之间信息的互联、互通、互操作，必须针对共享数据建立共同遵守的标准规范，只有编码统一、格式统一、数据交换方式统一，才能保证数据统一，才能实现对数据交换和数据共享的有效管理。

数据共享平台用于将业务系统的可共享数据，定时或实时集成到中心数据库中，形成数据中心的共享数据库。反之，也可以将数据中心的数据，根据访问权限要求，按主题发布给各部门或单位。共享平台主要包括数据接入管理、数据映射管理、共享数据管理、共享申请审批。数据共享平台通过对核心数据中心抽象镜像库及对外服务接口采用 WebService 等方式提供。

对于不同的群体，北京市气象局设置了不同的数据共享权限。对于政府部门及各有关委办局和社会公众，采用不同的数据共享策略。

1. 政府部门及各有关委办局

服务对象主要是京津冀及周边地区气象部门、各级防汛抗旱指挥部、各级政府、各级应急办。对此类用户本系统通过政务网平台、短信、彩信、传真、电话、视频等方式向其提供预报预警服务产品，特殊情况下还可根据实际情况建立专线服务。

针对政府部门提供的精细化预报预警服务产品包括以下五类：一是所有预报服务产品，如短时临近天气预报、长中短期预报、延伸期预测等；二是气象预警服务；三是全市各类实时天气实况分析产品；四是天气日报、月报、年报以及过程预测与回顾分析报告等专题报告；五是提供每年全国两会期间天气预报与分析产品。此外，还在国庆或者重大会议、体育运动会等活动提供天气保障服务产品。

2. 社会公众

通过两微一端、广播、电话、短信、手机客户端等各类媒体发布基于位置的各类精细化、多元化的公众天气预报预警服务产品。

面向社会公众，主要提供以下四类产品：一是短时、短期、中期天气预报产品；二是天气预警产品及风险预警产品；三是天气实况信息；四是通过电视、广播、网络等多种渠道向公众发布气象预报服务产品。

北京市气象局向社会机构提供"北京天气实时信息"的数据资源，并授权社会机构通过自有资源向公众发布"北京天气实时信息"。主要的社会机构包括百度、新浪、网易、奇虎、墨迹天气等。

"北京天气实时信息"的数据内容包括：①基础信息。监测站点对照表、天气状况信息、天气预报预警信息。②实时监测数据。全市实时天气实况、各项天气指标、单个站点实时观测数据。③预报预警信息。天气预警信息、风险提示等。

"北京天气实时信息"每小时更新一次，通过接口访问数据及数据使用技术文档。此外，北京市经济和信息化委员会牵头建设北京市政务数据资源网，北京市各政务部门共同参与。该网站致力于提供北京市政务部门可公开各类数据的下载与服务，为企业和个人开展政务信息资源的社会化开发利用提供数据支撑，推动信息资源增值服务业的发展以及相关数据分析与研究工作的开展。在技术部门建成平台后，将通过该平台向社会开放数据。

5.3 冬奥气象数据服务的实现

由于特殊的气候和地理环境要求，冬奥会对气象服务的需求也与常规不同。特殊需求包括评估赛事气候风险，协助冬奥组委决策定夺具体比赛举办时段和赛事日程安排；评估奥运场所和设施建设气候风险，辅助决策赛场选址、规划赛场建设等；提供比赛场地精细化气象预报预警产品，保障赛事顺利开展；从气象角度为赛场人工造雪及维护工作提供科学指导等。

为了满足冬奥气象服务需求，需要建立分布式冬奥气象服务数据环境，实现气象信息的共享对气象一体化业务的支撑。通过对现有气象业务进行梳理和整合，形成统一数据流,按照统一方式进行数据存储管理。建立统一的数据服务规范,对外提供统一标准化的数据服务,为气象服务和一体化气象业务提供支撑。整个冬奥气象服务数据环境包括数据管理和服务系统、综合业务显示系统、业务运行监控系统的建设,实现数据规范化管理和数据在线共享、数据在线显示、设备到数据的全流程监控。系统部署如图 5-9 所示。

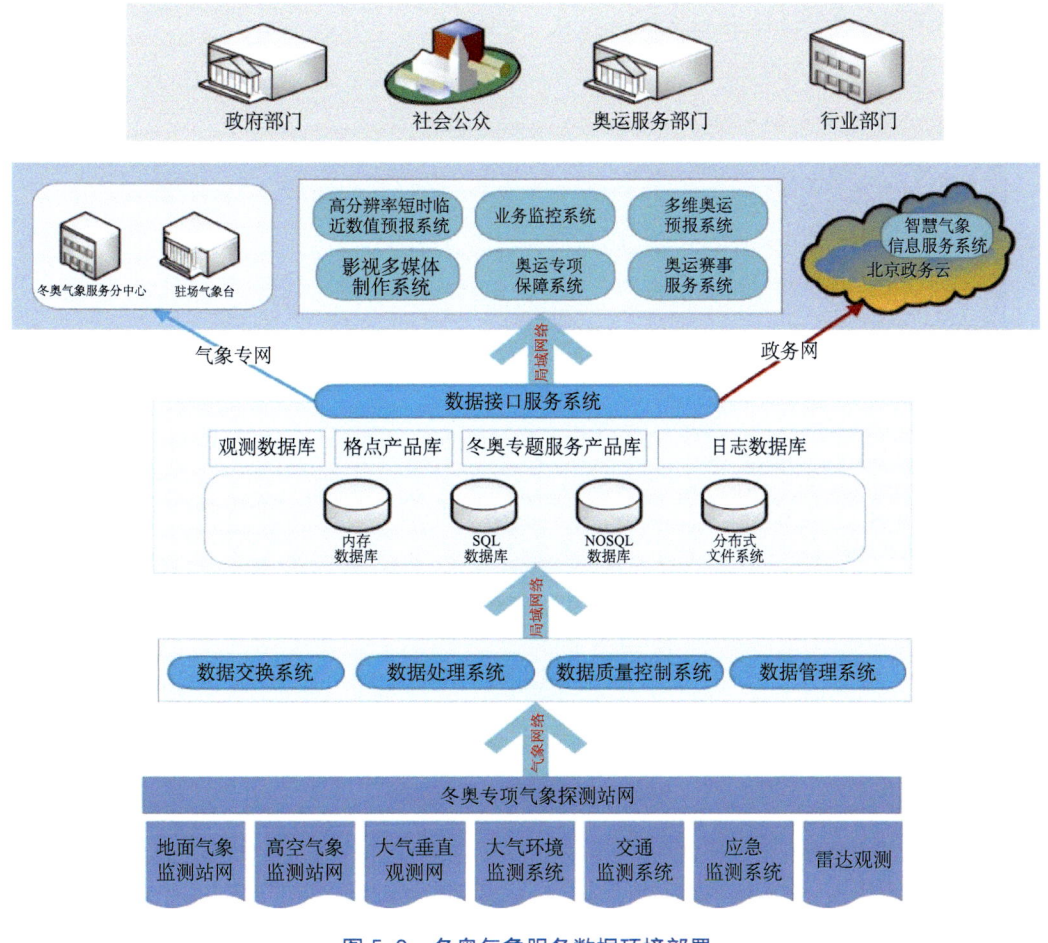

图 5-9　冬奥气象服务数据环境部署

基于气象信息标准和规范,建立依托统一数据环境的一体化业务流程,构建满足冬奥气象服务业务系统所需的统一数据支撑环境。完成对气象数据从采集到服务全流程的整合,实现气象数据和产品的集约化管理。进一步优化气象数据业务流程,加强观测数据全流程监控,健全气象数据质量控制和评估体系,提升原始气象数据多维度、多层级的加工和处理能力。完善实时数据库,建设历史数据库、格点数值预报产品库、公共服务产品库和分布式大数据存储等基础数据支撑环境,实现气象数据和产品的分级、分类存储,拓宽数据服务方式,提供统一的数据服务接口,方便用户调用。

在北京 2022 年冬奥会和冬残奥会期间，北京市气象信息中心汇集中国气象局、京冀本地冬奥业务及科研冬奥数据建立京冀主备数据中心，实时提供 4 类 18 种标准的 GRPC 和 REST 接口服务，支撑冬奥 8 个核心气象业务及服务系统应用。同时根据冬奥组委及北京冬奥城市运行保障部分个性化的冬奥气象数据需求，提供个性化的冬奥气象产品服务。冬奥统一数据环境数据服务引擎日均访问量约 1000 万次，数据访问请求等待时间最长不超过 1 秒，有效满足了对实时数据的高效服务要求，为冬奥会和冬残奥会的精细服务提供了强有力支撑。

第 6 章　系统安全

6.1　网络系统安全

随着远程办公、移动办公的普及，越来越多的单位内部员工通过互联网接入内部办公系统。此外，随着业务规模的扩大、办公场所增加，不同地域的分支机构往往需要通过互联网将分散的办公地点进行网络互联。气象业务系统由于业务需要，存在大量远程办公用户。这些用户通过互联网访问内部应用系统，远程办公方式为用户使用带来了很大便利，但是也带来了安全风险。如果工作人员使用移动办公设备传输数据时发生了篡改或者敏感数据发生泄露，后果将会非常严重。如何保证移动办公的远程传输安全、数据安全和身份安全等是单位需要考虑的重中之重。

6.1.1　信息安全方针

信息安全的含义包括信息的保密性、信息的完整性、信息的可用性、信息的可控性和信息行为的不可否认性。辩证的安全观念及务实的安全策略意味着信息安全要通盘考虑，建立整体安全意识。因此，信息安全系统需要从"攻、防、测、控、管、评"等多方面构建技术的整体解决方案。

信息安全规划的本质是运用技术、管理等手段，对北京市气象局的信息安全体系进行整体、系统和持续性的改进和设计，在北京市气象局信息化建设的各阶段、信息系统生命周期的各阶段，制定并落实相应的信息安全策略。选择关键的保障要素并提出相应的保障要求，确保业务数据和信息系统的机密性、完整性和可用性，规避和降低信息安全风险，提升信息安全保障能力，实现北京市气象局的业务使命。网络和信息安全防护建设内容包括网络边界防护、数据中心安全防护、广域网接入安全防护、安全审计、终端安全防护、运维安全、安全运营平台以及数据备份系统等。相关场所的物理安全防护等由其他系统建设。

6.1.2　信息安全主策略

气象智能信息系统安全体系从上到下由四层组成，分别为网络安全层、加密技术层、安全认证层、安全协议层。这四个部分囊括了从安全协议到防御入侵的整体防御策略体系，如图 6-1 所示。

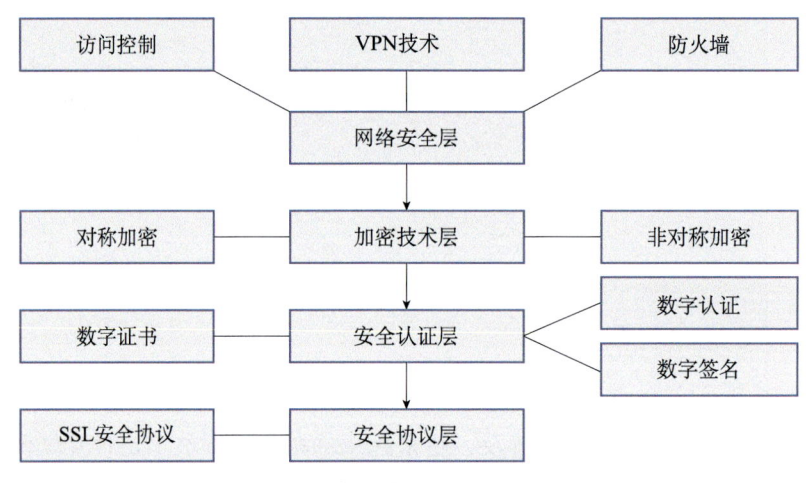

图 6-1　气象智能信息系统安全体系

1. 网络安全层

通过使用一系列技术手段来防御外部攻击，保证网络的安全。

（1）虚拟专用网（VPN）技术

虚拟专用网是一种特殊的网络，采用一种通道或者数据封装的系统，用公共网络发送一些敏感数据，这是一种在互联网上的专用通道，可保证数据在外部网络中的安全传输。通过建立专用的 VPN 通道解决了数据在外网传输过程中的安全隐患问题，保障数据的安全性和可靠性。

（2）访问控制技术

访问控制是指对网络中的某些资源的访问要进行控制，只有被授予特权的用户才有资格。访问控制是网络安全防范和保护的主要策略，它的主要任务是保证资源不被非法使用和非法访问。常用的访问控制技术有：入网访问控制，网络的权限控制，目录级安全控制，防火墙控制，网络服务器控制，网络监测和锁定控制等。通过对资源进行访问控制，保证特定资源只能被特定用户访问和使用，减少信息泄露的渠道，进一步加强了资源的安全性。

（3）防火墙技术

通过使用防火墙技术，将网络划分成一些相对独立的子网，防火墙两侧的通信将受到检查，更具自身的安全策略，允许特定的用户和数据穿过，对不被安全策略允许的用户和数据进行阻拦，保证高安全等级子网的安全，避免黑客的攻击。

（4）安全审计评估

根据用户自定的安全策略体系对系统的历史操作记录数据进行分析，排查出系统存在的问题，及时解决这些问题，消除安全隐患。审计评估主要有以下几点作用：

①对潜在的攻击者起到威慑和警告作用。

②对已经发生了的系统故障或者非法攻击提供有效的排查途径和证据。

③为管理人员提供有价值的、完整的、准确的系统使用日志，从而使管理人员能够及时地发现非法入侵行为和系统的漏洞以及系统性能上的问题，及时进行调整优化。

安全审计的第一步是明确审计的事件。通过日志的形式将这些数据持久化，并且进行授权，防止日志随意被访问。系统事件以用户确定好的格式进行记录，对试图进行系统访问的行为（成功或者失败），对敏感文件的读写以及文件的访问授权、删除、新增的操作等进行记录。例如，哪个用户在什么时间点登录系统，进行了什么样的操作。通过这样可以发现入侵的痕迹，如果用户在一定时间内多次登录失败，那么就存在有人想强行闯入系统的风险。

系统事件的记录由一些文件组成。这些文件中包含了每次系统操作的事件记录、事件的主体、设计的各个对象、用户及他们的标识等。有了这些记录，可以进行以下的活动进行系统的安全审计。

审计追踪：通过系统的审计事件记录，按照从始至终的方式，逐步检查和审核每个事件的环境及活动。通过审计追踪可以发现系统中违反安全策略的活动，程序中的错误和影响系统运行效率的问题等。

事件重建：当系统发生故障之后，通过排查审计日志，可以较为轻松地评估出故障的损失情况，确定故障发生的时间、过程和原因。例如，当程序运行失败之后，通过事件记录的分析，重建失败情况的完整操作，排查失败的原因。在对能够引起系统崩溃等巨大问题时，通过重建找出此类问题发生的条件，由此来避免此类问题再次发生。

入侵探测：审计日志也可以用于协助入侵探测。在审计日志产生时，通过对非法操作建立和监测警示标志，实时地进行入侵检测。

2. 加密技术层

加密技术层主要通过加密技术的使用来保障信息传输过程中的安全，避免信息被窃取和恶意修改。加密技术分为对称加密和非对称加密。

（1）对称加密

也被称为私钥加密，数据的传输方和接收方通过使用同一个秘钥对传输的数据进行加密和解密。这种方式可以将数据的加密处理简单化。比较器公钥算法，这种方式比较快捷，算法也非常快，适用于数据流较大的信息的加密转换。其缺点在于数据的接收方与发送方必须使用同一秘钥，发送方需要将秘钥通知接收方，否则无法进行解密，而秘钥本身必须保证对非授权用户保密。因此，在信息传输的过程中，如何保证秘钥的安全成为第一大问题。对称加密通常要和非对称加密一起使用。

（2）非对称加密

非对称加密是使用一个对未授权用户保密的私钥和一个公开的公钥。其优点在于秘钥的可能范围值会更大，保证了非对称加密中私钥传递的安全性，减少了对每个可能秘钥尝试穷举的攻击性。缺点也显而易见：其加密算法非常慢，不适用于加密大量的数据。

数据传输通过非对称加密（RSA 算法）、对称加密（DES）和 MD5 加密算法的混合使用，从数据源头上保证了数据和系统的安全。

3. 安全认证层

安全认证层涉及数字认证、数字证书、数字签名、数字信封等技术。

（1）**数字认证**

数字认证通过电子信息的方式来证明信息接收方和发送方的身份、文件的完整性。通过这项技术可以区分数据的真伪，对于网络数据的传输极为重要。安全认证层可以验证交易双方数据的完整性、真实性及有效性。

（2）**数字证书**

数字证书相当于身份证，用来证明自己的身份。由于每份数字证书都携带着数字证书持有者的公钥，数字证书可以向接收者证实某人或某个机构对公开秘钥的拥有，同时也起着公钥分发的作用。

（3）**数字签名**

数字签名只有信息的发送方才能产生，无法由他人伪造。数据的接收方通过数据签名来对数据发送方和数据的真伪进行辨别。首先必须准确定义前述内容的范围，通过 Hash 算法计算出信息的唯一哈希函数结果值，最后使用签名者的私人密码将哈希函数结果值转化为数字签名，得到的数字签名对于被签署的信息和用以创建数字签名的私人密码而言都是独一无二的。

4. 安全协议层

保证通信双方的可靠性和保密性，使客户与服务器应用之间的通信不被攻击者窃听。

安全套接层协议 SSL：SSL 是一种基于网络应用的安全协议，其目的是在互联网基础上提供的一种保证机密性的安全协议，能够使客户端/服务器应用之间的通信不被恶意窃取，对服务器进行认证，使用对称加密和非对称加密两种算法。一个 SSL 传输过程首先需要用公钥加密算法使服务器在客户端得到认证，然后就可以使用双方商议成功的对称密钥来更快速地加密、解密数据。

6.1.3 制度和规定

"没有网络安全就没有国家安全，就没有经济社会稳定运行，广大人民群众利益也难以得到保障。"习近平总书记高度重视国家网络安全工作，在不同场合多次就网络安全发表重要论述，为筑牢国家网络安全屏障、推进网络强国建设提供了根本遵循。网络安全是指网络系统的硬件、软件及其系统中的数据受到保护，不因偶然或恶意原因而遭受破坏、更改、泄露，系统连续可靠正常地运行，网络服务不中断。网络安全和信息化是事关国家安全和国家发展、事关广大人民群众工作生活的重大战略问题。当今世界，信息技术革命日新月异，对国际政治、经济、文化、社会、军事等领域发展产生了深刻影响。信息化和经济全球化相互促进，互联网已经融入社会生活方方面面，深刻改变了人们的生产和生活方式。

网络安全技术措施的有效实施需要安全管理制度的助力，同样，安全管理制度的落实也常常需要技术措施的支撑，两者是相辅相成、相互关联的。等级保护对于单位安全制度体系的建设要求参照了 ISO 27001 的相关标准，即安全管理制度体系自上而下分为安全策略、管理制度和操作规程、记录表单。单位需要建设符合单位实际情况的管理制度体系，应覆盖物理、网络、主机系统、数据、应用、建设和运维等管理内容，并对管理人员或操作人员执行的日常管理操作建立操作规程。

单位信息安全管理制度体系应结合实际业务需要，建立符合本单位实际情况的安全制度体系，需包括信息安全方针、安全策略、安全管理制度、安全技术规范以及流程等，如图 6-2 所示。

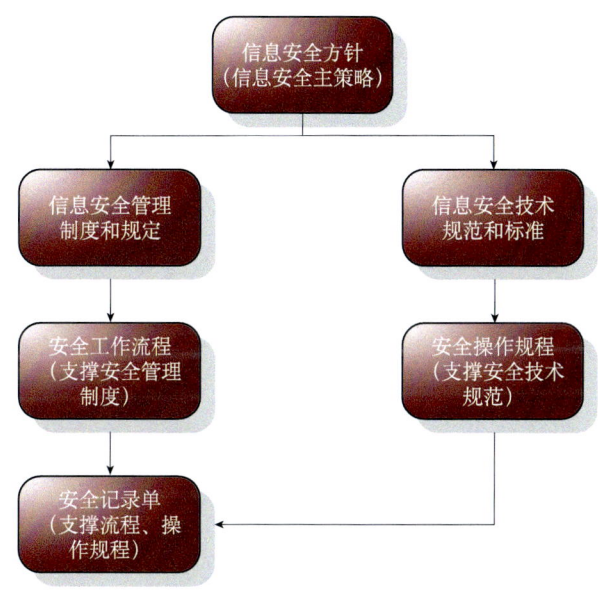

图 6-2　安全管理制度体系图

1. 安全方针和策略

包括最高方针和纲领性的安全策略主文档。陈述本策略的目的、适用范围、信息安全的管理意图、支持目标以及指导原则，信息安全各个方面所应遵守的原则方法和指导性策略。

2. 安全管理制度和规范

包括各类管理规定、管理办法和暂行规定。从安全策略主文档中规定的安全各个方面所应遵守的原则方法和指导性策略引出的具体管理规定、管理办法和实施办法，必须具有可操作性，而且必须得到有效推行和实施。

技术标准和规范包括各个安全等级区域网络设备、主机操作系统和主要应用程序应遵守的安全配置和管理的技术标准和规范。技术标准和规范将作为各个网络设备、主机操作系统和应用程序的安装、配置、采购、项目评审、日常安全管理和维护时必须遵照的标准，不允许发生违背和冲突。

信息安全管理机构是行使单位信息安全管理智能的重要机构。一般由信息安全管理领导机构和执行机构构成。信息安全领导机构需确保整个组织贯彻单位的信息安全方针、策略和制度等。等级保护制度中明确规定："单位应成立指导和管理网络安全工作的委员会或领导小组，其最高领导由单位主管领导担任或授权。"并设立网络安全管理的职能部门。

单位应根据管理工作需要设立安全管理机构，至少应包括信息安全领导小组和信息安全管理职能部门。信息安全领导小组是单位信息安全工作的最高领导决策机构，负责单位信息安全工作的宏观管理，其最高领导由单位主管领导担任或授权。信息安全管理职能部门负责落实信息安全领导小组各项决策，协调组织单位各项信息安全工作。

信息安全管理工作不是孤立的，在单位业务工作中离不开安全管理工作的保障。同样，信息安全管理工作也离不开单位业务部门的配合。要使信息安全管理工作顺利开展，需加强各类管理人员、组织内部机构和网络安全管理部门之间的合作与沟通，定期召开协调会议，共同协作处理网络安全问题。在加强内部沟通的同时，单位的信息安全工作也需要得到外部专家和技术力量的支持，包括监管部门、供应商、业界专家及其他安全组织等。

聘请专家和外部顾问成员。这些成员需要对信息安全或相关领域有丰富的知识和经验，如安全技术、电子政务、等级保护或质量管理等。专家和外部顾问负责对信息安全重要问题的决策提供咨询和建议。同时加强与供应商、业界专家、专业的安全公司等安全组织的合作和沟通。建立外联单位联系列表，包括外联单位名称、合作内容、联系人和联系方式等信息。

3. 信息安全检查

信息安全管理工作是否有效，安全制度和规范是否得到落实需要单位信息安全管理部门定期进行检查，以便及时发现问题，持续改进和提升信息安全管理能力。按照等级保护的要求，单位信息安全检查可分为定期常规安全检查和定期全面安全检查，安全检查工作需进行认真准备，保留记录。安全检查的内容主要包含以下十三点。

（1）安全管理人员

人是信息安全工作的主体，也是信息安全威胁的主要来源。调查发现，越来越多的信息安全事件是由内部人员的恶意或工作疏忽导致。因此，加强人员安全管理是信息安全管理工作的重中之重，尤其需要加强对内部人员的安全教育和审核。针对内部人员的安全管理需从人员的录用、安全培训和教育、技能考核和调用、离岗审核等全过程进行安全管理。所有信息系统的安全，都依赖于最初设计的网络安全策略和操作人员的管理规范。因为所有的安全技术与安全体制都是围绕以上策略来选择并使用。如果安全策略环节出了问题，那么安全系统对于安全策略而言，既要考虑外部对网络的攻击，也要考虑内部人员管理问题，并限制系统管理员、用户、网络安全员的权限与责任。

在日常业务工作中，单位越来越多地与外部单位人员进行业务合作和往来。外部人员包括软件开发商、硬件供应商、系统集成商、设备维护商和服务提供商以及实习生、临时工、调用人员等。由于工作需要，这些人员需临时或短期访问单位内部网络，进出单位工作场所。非内部人员由于流动性强，背景情况不明，给单位信息系统安全带来较大隐患，必须建立严格的物理和网络访问授权审批制度并有效执行。

（2）安全建设管理

根据新等级保护制度的要求，二级（含二级）以上信息系统在定级工作中需要组织相关部门和有关安全技术专家对定级结果的合理性和正确性进行论证和审定。新建信息系统在规划阶段就可以根据信息系统将承载的业务的重要程度对信息系统进行定级，按照相应等级进行等级保护安全体系设计和建设，对二级（含二级）以上信息系统还需按照公安机关的要求进行备案。

为了进一步明确信息系统定级、备案的相关责任和流程，应明确系统定级、备案和系统测评流程，包括以下内容：

①明确定级备案责任部门和责任人；
②与公安部门沟通明确定级备案相关材料要求和格式；
③制定系统定级和备案工作的时间计划；
④定级评审相关单位和专家联系和确定；
⑤组织定级评审工作，并获得上级或相关部门的批准。

为确保系统等级保护定级备案工作的规范性和专业性，可选择专业的等级保护咨询服务完成相关工作。

（3）系统安全方案设计

按照"三同步"的原则，即信息安全需要与信息化建设同步规划、同步建设、同步使用。在系统建设规划阶段需明确安全建设的目标和建设需求并进行安全规划方案的设计。安全方案应经过评审并经过批准后才能实施。

安全方案设计需根据安全保护等级选择基本安全措施，依据风险分析的结果补充和调整安全措施；安全方案应根据保护对象的安全保护等级及与其他级别保护对象的关系进行安全整体规划和安全方案设计，设计内容应包含密码技术相关内容，并形成配套文件；安全建设项目根据实际建设阶段需设计不同的安全方案，包括总体建设规划方案、详细设计方案、建设实施方案等。安全方案需组织相关部门和有关安全专家对安全整体规划及其配套文件的合理性和正确性进行论证和审定，经过批准后才能正式实施。

（4）安全产品采购管理

信息安全产品的采购和使用应符合国家的有关规定。对于密码产品的采购和使用需符合国家密码主管部门的要求，并预先对产品进行选型测试，确定产品的候选范围，并定期审定和更新候选产品名单。

针对北京市气象局系统中安全设备采购，需严格按照设备采购管理流程和政府设备采购目录来采购相应的安全产品；在搭建的模拟系统中对这些安全设备和软件进行测试和试运行验证，以防止对系统产生不可预见的影响。

（5）安全运维管理

按照等级保护要求，日常安全运维管理主要从环境管理、资产管理、介质管理、资产维护管理、漏洞和风险管理、网络和系统安全管理、防病毒管理、配置管理、密码管理、变更管理、备份与恢复管理、安全事件处置管理、应急预案管理、外包运维管理等几个方面进行考虑。

环境是指信息系统所处的物理环境，包括机房、配线间、办公场所等。加强对环境的安全管理主要是为了防止非授权物理访问导致的对信息系统的破坏。一般来说，机房作为重要信息设备集中放置的场所应重点加强防护，重要办公区域也需要加强物理防护。

所有的服务器和核心网络设备均按照要求放置在机房中，指定专门的部门或人员负责机房安全，对机房出入进行管理，定期对机房供配电、空调、温湿度控制、消防等设施进行维护管理；制定机房安全管理制度，对有关物理访问、物品带进出和环境安全等方面的管理做出规定；制定办公环境安全管理制度，并对以下方面进行规定：办公室的信息安全要求，办公终端信息安全保密要求，办公终端使用规范等。

（6）设备维护管理

信息设备在日常工作中存储和处理业务信息，设备的可用性和安全性对信息安全至关重要。要加强对信息设备日常的管理，包括设备日常维护、外带、报修、报废等。

对各种设备（包括备份和冗余设备）、线路等指定专门的部门或人员定期进行维护管理；对配套设施、软硬件维护管理做出规定，包括明确维护人员的责任、维修和服务的审批、维修过程的监督控制等；信息处理设备必须经过审批才能带离机房或办公地点，含有存储介质的设备带出工作环境时其中重要数据必须加密；含有存储介质的设备在报废或重用前，应进行完全清除或被安全覆盖，保证该设备上的敏感数据和授权软件无法被恢复重用。

（7）漏洞和风险管理

信息安全漏洞是信息系统脆弱性的主要表现，易被攻击者利用进而入侵系统进行破坏。对漏洞的发现和修补除了需采取必要的技术措施外，加强对系统的日常安全评估，并及时进行整改修复，也是降低信息安全风险的重要手段。

定期开展安全评估，形成评估报告，对发现的漏洞等安全问题及时通报，并限定整改时间；定期开展安全测评，形成安全测评报告，对发现的问题制定整改方案，采取措施应对发现的安全问题，相关内容形成记录。

（8）网络和系统安全管理

网络和系统作为信息系统的基础性设施，为各个业务系统和办公应用提供连通和数据传输，实现信息共享，网络和系统应进行更细分、更专业的管理。对重要的业务系统还需要指定专门的管理人员。

按照等级保护的要求，对网络和系统的安全管理包括以下内容：

①划分不同的管理员角色进行网络和系统的运维管理，明确各个角色的责任和权限。可以指定专门的网络管理员、系统管理员、数据库管理员等，对网络设备、操作系统、数据库等进行专业化管理；

②指定专门的部门或人员进行账户管理，对申请账户、建立账户、删除账户等进行控制。对重要服务器、数据库、业务应用等的管理账户应更加严格管理；

③建立网络和系统安全管理制度，对安全策略、账户管理、配置管理、日志管理、日常操作、升级与打补丁、口令更新周期等方面做出规定；

④制定重要设备的配置和操作手册，依据手册对设备进行安全配置和优化配置等；

⑤详细记录运维操作日志，包括日常巡检工作、运行维护记录、参数的设置和修改等内容；

⑥指定专门的部门或人员对日志、监测和报警数据等进行分析、统计，及时发现可疑行为；

⑦严格控制变更性运维，经过审批后才可改变连接、安装系统组件或调整配置参数，操作过程中应保留不可更改的审计日志，操作结束后应同步更新配置信息库；

⑧严格控制运维工具的使用，经过审批后才可接入进行操作，操作过程中应保留不可更改的审计日志，操作结束后应删除工具中的敏感数据；

⑨严格控制远程运维的开通，经过审批后才可开通远程运维接口或通道，操作过程中应保留不可更改的审计日志，操作结束后立即关闭接口或通道；

⑩保证所有与外部的连接均得到授权和批准，应定期检查违反规定无线上网及其他违反网络安全策略的行为。

（9）防病毒管理

对于病毒的防范需要采取必要的安全技术措施，但技术措施的有效性需要安全管理制度进行保障，病毒防范作为单位重要的信息安全基础性工作，必须确保提高全员的防病毒意识，确保技术手段的有效落实。

制定防病毒管理办法，明确防恶意代码软件授权使用、恶意代码库升级、定期汇报等流程，明确对外来计算机或存储设备接入系统前进行恶意代码检查。定期验证防范恶意代码攻击的技术措施的有效性，组织全员的信息安全意识培训，提高全员对病毒的防范意识。

（10）智能入侵检测

气象智能信息系统不仅需要保证系统内部的数据安全，同时针对系统外部的访问也需要进行安全性监控。针对外部访问流量存在一个阈值，若瞬时流量超过阈值则触发服务降级并立即告警。防止恶意软件和病毒侵袭，保护系统的安全。

作为防火墙的一种有效的补充检测技术，智能入侵检测帮助系统对网络攻击进行更加有效的防护。入侵检测扩展了系统的安全管理能力，提高了安全防御整个框架的完整性。入侵检测从系统中收集若干关键信息，并通过智能分析方式排查系统网络中是否存在疑似遭到安全攻击或是存在一些与制定的安全策略不符的网络行为。入侵检测作为防火墙后的第二道防护措施，以一种"静默"模式对整条网络上的数据进行监测，从而有效地针对安全入侵行为进行实时保护。

如图6-3所示，入侵检测需要首先建立系统及用户的行为模式库，大体上分为正常行为模式库及异常行为模式库。通常可将以往系统中出现的典型系统及用户行为进行建模，在网络监控时智能化比对行为模式库中的数据模型，根据计算出的与阈值的偏差，系统自动判断该网络数据是否存在安全问题。若存在安全问题，首先通过邮件或其他方式通知到相应的负责人，同时系统开启自动防护，过滤掉含有安全隐患的网络请求数据。

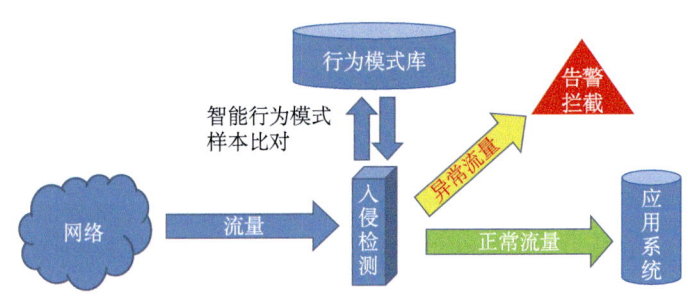

图6-3　智能入侵检测流程

除了实时监控网络安全态势，对于历史访问日志数据同样支持安全态势分析。通过解析系统的访问日志，结合智能化的数据比对方式能够快速定位到存在安全异常的历史信息，进而分析出系统是否曾经遭受过安全入侵。若是，则立即通知相关负责人进行系统数据的检查验证。

而入侵检测前，首先会智能扫描入侵检测程序的完整性和安全性，确保入侵检测程序不被恶意篡改而导致检测结果出现偏差，进而影响正常的信息系统安全防护工作。对于部分新型的入侵态势，同样支持动态添加至行为模式库并立即生效。且可与其他的行为模式库进行资源同步共享，进一步提高智能入侵检测的覆盖度及准确度。

（11）智能防火墙

随着气象智能信息系统应用越广泛，传统的一些安全措施已经无法满足日益增长的安全需求。

传统的防火墙虽然在一定程度上能够对数据包进行拦截，但是通过管理员设置相应的规则来进行数据包的检查，是不能够解决网络安全的三大问题，即以拒绝访问（DDOS）为主要目的网络攻击，以蠕虫（Worm）为主要代表的病毒传播，以垃圾电子邮件（SPAM）为代表的内容控制。这三大问题几乎可以包含当前网络安全的绝大部分。

智能防火墙，顾名思义，相对于传统的防火墙更智能化。从技术上，智能防火墙是利用多种智能方法，如统计、记忆、概率和决策，对网络访问数据进行解析识别，并达到控制网络访问的目的。采用这些方法，很好地消除了传统防火墙规则匹配检查所需要的大量计算，能够更加高效地发现网络行为中的特征值，直接进行访问控制。智能防火墙包括以下几项关键技术。

①防攻击技术，能够智能识别恶意数据流量，并对恶意数据工具有着较强的阻断能力，还可以有效地针对恶意病毒及木马流量攻击进行强力防御切断。

②防扫描技术，能够识别黑客的恶意扫描，并进行有效的阻断。

③防欺骗技术，能够有效防止 MAC、IP 欺骗等。

（12）木马病毒智能查杀

对于木马病毒的查杀，气象智能信息系统同样提供智能化的防护措施。

木马是一种与远程计算机之间建立起连接，使远程计算机能够通过网络控制信息系统，并可窃取系统内数据、毁坏系统的程序。一般木马会伪装为正常的应用系统，在不被察觉的情况下渗透到应用程序中进行破坏，具有非常强的隐蔽性。

通过智能代理，根据木马特征行为的动态变化产生与其适应的查杀策略及根据实际面临的安全威胁动态生成扫描监控策略、行为分析策略，实时更新相关知识库。

主干网络负责检测域网之内的网络流量。若发现可疑流量，立即向下层发送警示信息。若判断为疑似高危木马，则立刻中断网络连接，防止安全危害。底层网络监测代理则对网络流量及传输信息进行检测及分析，若检测出安全风险，同样进行断网操作。而主机作为第三道木马防线，对本地端口、进程等进行检测，对木马进行跟踪分析，发现安全隐患，立刻隔离对应的程序进程，并将此信息与知识库中的样本进行比对，若发现是已知木马程序，则立刻对该程序进行查杀。若没有，则维持现状并立刻告警，待相关技术人员处理。

（13）智能静态／动态检测

气象智能信息系统内置多种检测机制，针对恶意代码进行智能化的筛选跟踪记录，包括智能静态检测和智能动态检测两种常见的检测机制。

智能静态检测。该检测模式下可针对目标程序进行源代码层面的检测，可检测出常见安全漏洞。相比人工检测，智能静态检测无论是效率上还是覆盖面上都有着显著的提升，能够更加全面地检测出目标系统中隐含的安全隐患，降低上线后程序的安全风险，节约后续成本。

智能动态检测。该模式可针对已上线系统，在不停机的前提下进行智能的动态检测，主要针对系统占用资源情况有一个全面的检测结果，可以及时发现状态异常的程序进程并告警，进而智能判断当前情况下是否需要自动停止程序，或是将程序服务降级，等待相应负责人员进行后续处理。

6.2 数据系统安全

气象数据作为能够进行加工产出大量气象智能产品的基础，其安全性变得尤为重要。当前，公众、企业和政府机构等对 IT 系统的依赖日趋加强，社会每天产生的数据更是以几何倍数增长。据估算，2020 年全球有 400 亿台互联设备，所产生的全球数据量达到 40 ZB。另据中国社会科学院发布的《中国数字经济规模测算与"十四五"展望研究报告》显示，2019 年中国数字经济增加值规模为 170293.4 亿元，在同期 GDP 中的占比达 17.2%。作为数字技术的关键要素，全球数据爆发增长，海量集聚，成为实现创新发展、重塑人们生活的重要力量，事关各国安全与经济社会发展。数据意义也因此从原先虚拟的字节符号成为如今核心的"生产要素"和"数字黄金"，颠覆着我们的社会生活和商业、产业模式，改写着城市乃至地球的未来。信息大数据带来便利，催生新机遇，数据红利热潮正在加速奔来；但同时也带来了新的隐患，如"勒索病毒"等严重威胁个人、企业乃至国家机关单位网络信息安全的事件屡见不鲜，数据安全、隐私保护等挑战日趋严峻。如何确保数据安全是当前面临的重要而紧迫的任务。

单位大量敏感数据都保存在数据库中，数据库存在的安全风险主要表现在：无法通过本地部署访问控制，及时发现或阻断超级用户对数据发起的访问；分布式技术的部署，导致用户对数据的真实存储位置不可知；虚拟化技术的运用，使用户难以获知正与哪个或者哪些用户共享相同的存储或处理设备，对于提供商在解决数据隔离保护问题方面部署措施的有效性更是难以获得充分、可信的信息。

在数据库安全管理上，对每个表可设置查询和修改（增、删、改）两种权限，为每个用户指明对每个表的操作权限。为了操作、管理的方便，采用角色机制。每个角色代表对一个数据库表集合的权限。按部门关系，以树形结构进行管理。对每个数据用户可指定多个角色（对用户授权）。在实际的用户管理过程中，用户可以分为两类：系统管理员和数据用户，所以用户管理就变成了系统管理员管理和数据用户管理两部分。

用户管理是对数据和服务资源进行管理的一个重要部分，与系统的安全性密切相关。系统应具备完善的用户管理机制。角色是权限集中管理的一种机制，它是若干权限和角色的集合。当某一用户获得某一角色时，它就继承了该角色所拥有的全部权限。所以用户管理不仅包含一般意义上的登录用户口令密码的管理，还包含用户的授权管理和定制角色管理问题。

应用服务层的安全是建立在信息安全服务之上的，它利用信息安全的各项服务，搭建应用服务层的安全结构，并通过提供应用服务层的一些安全服务，保证应用系统在数据资源共享、业务访问和业务集成等方面的安全。安全服务包括：数据安全服务、消息安全服务、鉴别和身份认证服务、授权和访问控制强制服务、审计和日志服务。

6.2.1 数据访问安全审计

新等级保护要求对计算环境中包括数据库在内的保护对象有着明确的审计要求，包括应启用安全审计功能，审计覆盖到每个用户，对重要的用户行为和重要安全事件进行审计；应对审计管理员进行身份鉴别，只允许其通过特定的命令或操作界面进行安全审计操作，并对这些操作进行审计；应通过审计管理员对审计记录进行分析，并根据分析结果进行处理，包括根据安全审计策略对审计记录进行存储、管理和查询等。

数据库审计系统能够对业务网络中的各种数据库进行全方位的安全审计，具体包括如下内容。

①数据访问审计。记录所有对保护数据的访问信息，包括文件操作、数据库执行SQL语句或存储过程等。系统审计所有用户对关键数据的访问行为，防止外部黑客入侵访问和内部人员非法获取敏感信息。

②数据变更审计。统计和查询所有被保护数据的变更记录，包括核心业务数据库表结构、关键数据文件的修改操作等，防止外部和内部人员非法篡改重要的业务数据。

③用户操作审计。统计和查询所有用户的登录成功和失败尝试记录，记录所有用户的访问操作和用户配置信息及其权限变更情况，可用于事故和故障的追踪和诊断。

④违规访问行为审计。记录和发现用户违规访问。支持设定用户黑白名单，以及定义复杂的合规规则，支持警告。

一般情况下，数据库审计系统旁路部署在服务器区，对数据库访问行为进行审计。

6.2.2 数据备份与恢复

等级保护制度中，针对数据的备份和恢复要求，应用数据的备份和恢复应具有以下功能：应提供重要数据的本地数据备份与恢复功能；应提供异地实时备份功能，利用通信网络将重要数据实时备份至备份场地；应提供重要数据处理系统的热冗余，保证系统的高可用性。

6.2.3 数据共享

数据共享平台用于将业务系统的可共享数据，定时或实时集成到中心数据库中，形成数据中心的共享数据库。反之，也可以将数据中心的数据，根据访问权限要求，按主题发布给各部门或单位。共享平台主要包括数据接入管理、数据映射管理、共享数据管理、共享申请审批。数据共享平台通过对核心数据中心抽象镜像库及对外服务接口采用WebService等方式提供。

6.2.4 计算机病毒与黑客

对于信息系统来说，数据库是系统安全最重要的部分。一个稳定的数据库加密系统必须满足以下要求：一是建立安全模式，从计算机系统到数据库的应用程序、访问后台数据等都需要经过安全认证。当用户访问数据库，必须通过数据库的应用程序才能进入数据库系统中，要求用户必须提交用户名与口令密码认证，才能明确身份，进入下一步操作。二是当对数据库中的图表、存储过程、触发器等进行操作时，也需要对数据库访问者的身份进行认证。如果数据库系统存在安全隐患，那么信息系统将受到最直接威胁。

6.2.5 系统数据库安全

计算机病毒实际上是人为编写的程序，主要隐藏在计算机系统中，具有较强的复制与传播功能，且具有一定破坏性。目前，已发现的存在病毒已超过 5 万种，并且每天都在不断增长。有病毒造成的信息系统安全威胁，在网络经济案件中占 76%。过去，计算机病毒主要侵入单个微机系统软件中，但是随着网络条件的日益壮大，很多计算机病毒通过网络信息传播，极易在短时间内对大批的计算机形成灾难性破坏。另外，计算机黑客也是破坏信息系统安全的主要因素。计算机黑客主要指采取不正当手段盗窃他人密码或口令，非法入侵对方计算机信息系统的行为。由于目前已有大量的黑客网站提供共享软件并介绍攻击方法，让更多的人企图利用系统漏洞而作案。黑客技术的日益成熟已被越来越多的人认可，因此，系统与站点的攻击潜在危险较严重。黑客的主要目标就是偷窃他人资料、寻求有用信息，甚至干扰或破坏他人的信息系统。

6.2.6 物理环境因素

物理环境中主要涉及计算机硬件、网络设备、数据安全等问题。其中对信息系统产生影响的主要因素为：辐射、静电、硬件故障、自然灾害等，以及偷窃、盗用等人为因素。静电既可能对计算机的运行造成随机故障，还有可能导致计算机某些器件的毁坏。另外，除了光缆以外的通信介质都存在不同程度的电磁辐射，而电脑入侵者就可以通过利用电磁辐射，对各种协议分析仪或者信道检测器等窃听，通过对信息的分析，能轻易得到用户口令、账号、ID 等重要安全信息。

6.3 应用系统安全

通过网络与信息安全体系建设，形成全网安全威胁整体防护能力、安全态势整体监测能力、安全事件协同处置能力、安全管理服务支撑能力，实现网络安全由被动防御向主动防御的转型升级，提供可信、可靠、安全、灵活的网络通信和计算环境，满足国家法规、标准要求。

6.3.1 建立高效合理的安全分区

按照信息安全等级保护和《网络安全法》要求，遵循信息化集约高效思路，进行分区划域，并在此基础上按照业务不同等保级别、不同应用类型、不同风险需求进行安全基础设施和管控策略部署，规范计算资源、存储资源、数据资源集约化部署，优化数据通信交换流程，满足安全高效互通需求和专有云、政务云、互联网间安全共享交换需求。

6.3.2 建立集约统一的基础服务支撑

遵照等级保护对应用软件的身份认证、访问授权、安全审计、数据保护、容错修复等控制点的安全要求，建立集约统一的身份管理、授权管理、审计管理、评估检测等安全基础服务支撑，提升业务应用的自身软件设计、代码开发安全质量和安全保护水平。

6.3.3 建立分级分类的数据安全保护机制

对信息网络中传输、处理、存储、共享的各类数据从数据的保密性、完整性、可用性进行分级，并以此为依据在数据部署、数据库访问管控、存储备份、网络监测防护、应用软件等环节进行针对性保护。

6.3.4 建立统一的安全运营平台

通过安全运营平台建设，实现对安全基础设施及防控策略的统一管理和调度，实现全网安全监测数据汇集和安全态势的统一感知分析，建立安全运行管理和安全事件协同应急处置的规范化支撑。

网络和信息安全防护建设内容包括网络边界防护、数据中心安全防护、广域网接入安全防护、安全审计、终端安全防护、运维安全、安全运营平台以及数据备份系统等。相关场所的物理安全防护等由其他系统建设。

信息安全规划的本质是运用技术、管理等手段，对北京市气象局的信息安全体系进行整体、系统和可持续性的改进和设计，在北京市气象局信息化建设的各阶段、信息系统生命周期的各阶段，制定并落实相应的信息安全策略。选择关键的保障要素并提出相应的保障要求，确保业务数据和信息系统的机密性、完整性和可用性，规避和降低信息安全风险，提升信息安全保障能力，实现北京市气象局的业务使命。

北京市气象局的信息安全建设由针对性安全问题和支撑性安全技术两条主线展开，这两条主线在安全建设过程中的关键节点又相互衔接和融合，最终形成一个完整的安全建设方案并投入实施。

北京市气象局信息安全建设工作总体设计如图 6-4 所示。

北京市气象局的信息化建设是基于当前通用的网络与信息系统基础技术，这使得信息化建设和安全技术有了一个共同的基础，使得北京市气象局的针对性安全需求与通用的安全解决技术和方案有了一定的共通点和结合点。在这个基础上，通过安全评估，对信息化建设和信息安全建设进行分析和总结，其中包括对建设现状和发展趋势的完整分析，归纳出系统中当前存在和今后可能存在的安全问题，明确网络和信息系统运营所面临的安全风险级别。

由支撑性安全技术的主线展开，从现有网络和信息技术的固有缺陷出发，总结了普遍存在的安全威胁，并根据其他系统中的信息安全建设实践中的经验，从信息安全领域的完整框架、思路、技术和理念出发，提供完整的安全建设思路和方法。

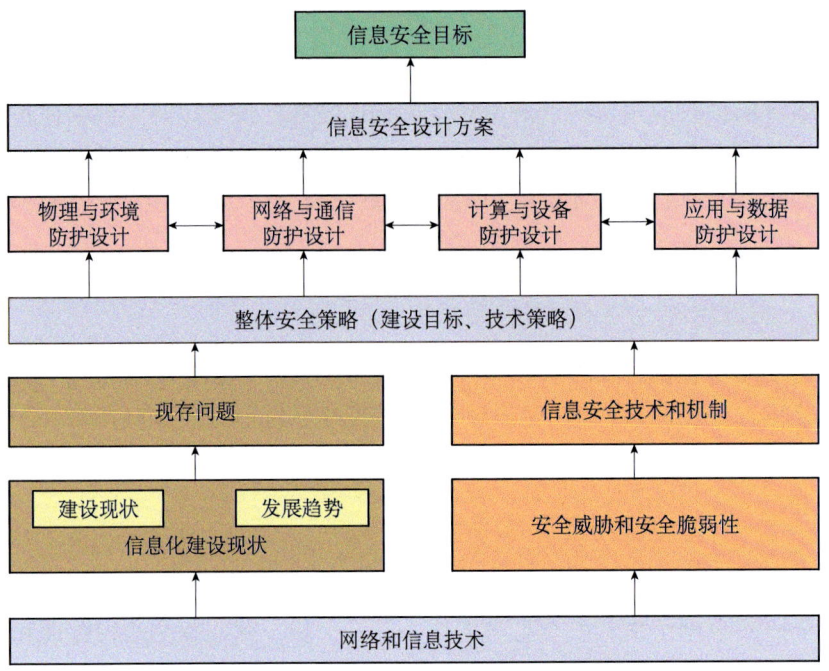

图 6-4 信息安全建设工作总体设计图

在此基础之上,两条主线进入融合的阶段。信息安全领域的理论、框架和技术基础与北京市气象局的安全问题有机地进行结合,有针对性地提出北京市气象局安全保障总体策略。在这个安全保障总体策略中,包括整体建设目标、安全技术策略以及相应的管理策略。整体安全策略一方面充分体现了北京市气象局对自身信息化建设中安全问题的针对性,另一方面也充分基于现有的信息安全领域的安全模型和技术支持能力,因此,具备可行性、针对性和前瞻性。

第 7 章 智慧冬奥气象系统

北京市气象局针对冬奥赛区现场气象服务保障及冬奥赛事保障能力的提升，建设智慧冬奥气象服务保障系统、冬奥业务应用系统及冬奥专项信息系统，通过信息化建设保障冬奥的顺利进行，具体建设内容如下。

①冬奥专项信息系统。冬奥专项信息系统包括冬奥气象统一数据环境和冬奥统一运维监控。

②冬奥气象服务保障系统。建设赛场实景气象站10套，开发冬奥现场气象服务应用系统、冬奥会官方气象信息服务系统，分别部署在冬奥会现场及北京市和河北省气象部门相关服务产品制作单位。

③冬奥业务应用系统。建设冬奥气候风险评估与预测系统、冬奥环境气象服务保障系统、冬奥航空气象保障系统、冬奥增雪气象服务保障系统（复用）、多维度冬奥预报业务平台、高分辨率短时临近数值预报系统（复用）、冬奥会延庆预警信息发布系统等。

7.1 冬奥专项信息系统

冬奥专项信息系统包括冬奥气象统一数据环境和冬奥统一运维监控。

7.1.1 冬奥气象统一数据环境

冬奥赛区三维立体气象观测站网数据，包括北京和延庆赛区35套冬奥自动气象站、延庆赛区19套垂直观测设备、河北40套冬奥自动气象站逐分钟数据，在中国气象局、京冀两地气象局的实时传输和共享，为开展冬奥气象研究及服务工作提供支撑。科技冬奥数据产品汇集，助力冬奥气象服务。"智慧冬奥2022天气预报示范计划"各家模式产品、国家气象中心冬奥1~10天精细数值预报产品、气象探测中心500米及50米实况网格分析产品、国家气象信息中心1千米实况网络分析产品均在北京市气象局实现汇集、入库及服务。汇集中国气象局、京冀本地冬奥业务及科研冬奥数据建立的京冀主备数据中心，实时提供4类18种标准的 GRPC 和 REST 接口服务，支撑冬奥7个核心气象业务系统应用。同时根据冬奥组委及北京冬奥城市运行保障部分个性化的冬奥气象数据需求，提供个性化的冬奥气象产品服务。冬奥统一数据环境日均访问量约

1000 万次，数据访问请求等待时间最长不超过 1 秒，有效满足了实时数据的高效服务。

根据冬奥组委及国际奥委会对冬奥气象数据的需求，参照 IOC 的冬奥气象数据标准，完成了 ODF 及 C49 冬奥气象数据实时服务。现 ODF 及 C49 冬奥气象数据已向电视评论员解说系统、MYINFO 信息服务系统、冬奥赛区显示大屏及世界各地订阅了 ODF 客户提供实时服务。这是在冬奥历史上首次实现 ODF 及 C49 冬奥气象数据从数据采集、传输、生成及发布的全流程自动化运行，体现了中国气象部门的现代化水平和信息化能力。

此外，通过实时开展冬奥观测数据质量控制，建立冬奥自动气象站观测数据的三级质控程序，生成近实时质控数据集。

7.1.2 冬奥统一运维监控

冬奥统一运维监控系统主要针对冬奥气象服务业务的各个环节实现端到端全流程保障。其监控范围包括为冬奥气象服务提供支撑的各种 IT 系统、探测系统、服务系统等。基于业务流的特点，通过数据抽取、数据清洗、数据分析，将不同来源的监视数据在统一平台进行统计、分析和展示。系统技术架构遵循微服务设计理念，微服务组件依据面向领域设计思想，基础服务抽象下沉，应用功能与服务解耦，分布式存储支持大数据监控指标的持久化，基于规则引擎有效支撑智能分析与智能控制。技术框架根据监控特性可分为四层：展示层、服务层、数据层、采集层，如图 7-1 所示。

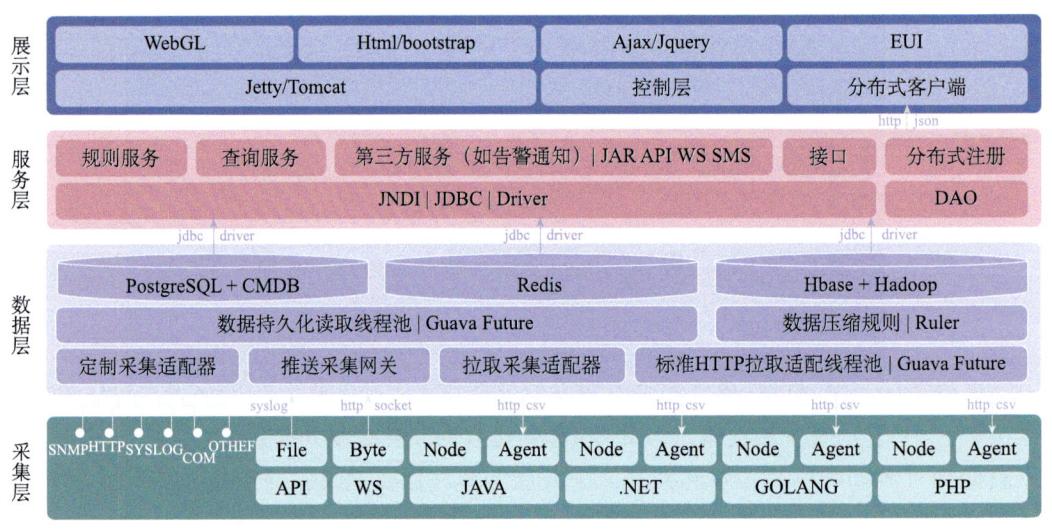

图 7-1 冬奥气象服务保障全流程监控系统技术架构图

本技术架构关键技术说明如下。

微服务框架 DUBBO：使用 DUBBO 的 RPC 功能，解决了服务之间的互相访问，在物理层面分离了服务的依赖关系。

容器 Docker：系统的应用、服务、不含存储，全部容器化部署，实现了系统与动态硬件资源分离的同时，在部署方面非常简洁。

容器编排 K8S：K8S 实现了对容器服务的编排管理，通过设置规则智能对容器复制、重启、监控。

智能调度与智能分析：通过对日志的收集，编排规则系统智能对实时数据、历史数据进行解析，实现预警与分析。

灵活展示：基于 JSR268 规范的 Portlet 可以方便聚合内部应用、自身系统的各种功能。基于 H5 的 widget 组件能够灵活布局各业务单元。

分布式缓存：对日志信息、配置项、拓扑关系、采集点信息等数据实现高速缓存和高速调用及查找，分布式缓存还解决了预设时间窗口的监控数据，实现了流式监控告警。

开放的采集接口：动态地定义采集指标/采集项，通过适配器的配置，可以兼容 prometheus、Opentsdb 等多种公共采集器，可以通过自定义方式，进行适配采集。

7.2 冬奥气象服务保障系统

冬奥气象服务保障系统包括冬奥现场气象服务应用系统和冬奥会官方气象信息服务系统，分别针对赛区现场气象服务团队提供技术平台支撑，以及观赛公众、新闻媒体等不同目标群体的需求提供冬奥会气象信息服务。

7.2.1 冬奥现场气象服务应用系统

冬奥现场气象服务应用系统是以冬奥气象服务数据环境为数据服务基础，建立冬奥现场气象服务应用系统，实现赛会城市、赛场周边以及整个赛区气象信息、预报产品的实时展现，快速制作发布气象服务产品，随时连线气象服务专家等功能，为冬奥现场气象服务团队开展气象信息的可视化分析，快速制作发布冬奥会气象服务产品提供技术支撑，提升冬奥会等现场气象服务保障能力。冬奥现场气象服务应用系统主要包括赛会精细化气象信息显示及预警子系统、冬奥现场气象服务产品制作发布子系统、专家即时会商子系统、系统管理子系统和移动工作平台等。模块结构如图 7-2 所示。

赛会精细化气象信息显示及预警子系统：基于 Web 的地理信息平台实现赛区实况资料、数值模式预报、交通气象服务产品、航空气象服务产品和赛场实景视频资料的查询和实时分析，为现场气象服务团队及时掌握气象监测和预报资料。赛会精细化气象信息显示及预警子系统主要包括 WebGIS 地理信息服务平台、冬奥专题图可视化分析模块、观测资料可视化分析模块、赛区实况资料监测预警模块、数值预报分析模块、精细化赛场客观预报分析模块、赛区气象灾害预警产品可视化模块、气候资料和分析产品可视化模块、赛事专项气象保障产品分析模块、有毒（害）气体扩散数据分析模块、公路轨道交通气象产品分析模块、低空气象产品分析模块、赛场实景视频气象资料服务模块、赛场实景气象监测分析模块。

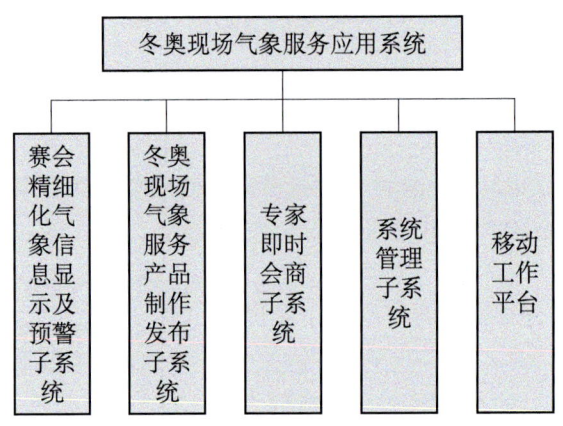

图 7-2 现场气象服务系统模块结构

冬奥现场气象服务产品制作发布子系统：为现场气象服务团队制作发布冬奥场馆/赛道天气预报和气象灾害预警产品提供支撑，主要包括书面报告类产品制作、基于阈值的提醒模块、为本类产品制作模块、数据接口类产品模块、书面报告类产品制作模块。

专家即时会商子系统：在关键性、转折性、灾害性天气和高影响天气时，依托此系统充分发挥专家预报员的价值，实现多名专家远程天气会商，以及北京、延庆、张家口上下游多地预报人员即时通信功能，有效提高"三性"天气和高影响天气的预报服务。专家即时会商子系统主要包括资料调阅模块、预报编辑模块、多地预报人员沟通模块、会商断线即连模块、动态权重融合预报模块、专家预报评分模块。

系统管理子系统：系统管理子系统主要用户为系统管理员，实现管理本系统所需管理功能，包括全部气象监测、预报、预警、气候、专项产品接口，以及用户权限管理、工作流程管理、产品模板管理、专家资源管理等。

移动工作平台：冬奥会现场气象服务保障的部分气象工作人员具有地点随机、移动办公、随叫随到的属性。针对这些需求，利用手机和平板电脑，开发智慧冬奥现场气象服务移动办公系统，以 WAP 页面和 APP 为主，实现冬奥会现场气象服务关键产品查看功能。同时，研发简版收集 APP，为公众提供交通、旅游以及赛事相关信息。移动工作平台包括首页、天气实况、预报预警、决策服务、帮助五个模块，具体界面设计如图 7-3 所示。

7.2.2 冬奥会官方气象信息服务系统

冬奥会官方气象信息服务系统是参照温哥华冬奥会、索契冬奥会、平昌冬奥会等官方气象服务方式，面向社会公众、社会媒体、全球转播商等通过统一的冬奥气象服务网站发布赛事相关气象信息，提供多语种、针对性分发等服务。同时，面向北京冬奥组委官网及城市运行相关部门信息系统，提供所需的精细场馆实况、预报预警以及主办城市精细预报预警产品等。

第7章 智慧冬奥气象系统

(a) 首页

(b) 天气实况

(c) 预报预警

图 7-3　移动工作平台主要模块界面设计

①官方网站提供全天 24 小时的奥运气象信息服务，包括赛区/赛道精细化气象服务产品、交通气象信息、天气预报以及其他公共服务信息，满足不同目标群体气象服务需求。

②面向赛会组织管理机构（国际奥委会、冬奥组委和赛事管理）和公众观赛以及媒体报道等不同用户，通过不同的信息传播渠道，提供更贴切和更具指导意义的气象信息产品。

冬奥会官方气象信息服务系统融合现有各类气象数据、新建的赛场各类观测网的数据、物联网监测数据、其他行业的数据（如复杂地形 GIS 数据、赛程、交通、旅游等），依托观测、预报、信息网络等其他业务平台或系统，以及冬奥赛区周边的加密观测信息，综合运用各种技术，根据赛事气象保障、社会公众等需求，提供官方气象服务信息。主要包括七个子系统：赛事气象子系统、赛区城市及景区天气子系统、赛区交通气象服务子系统、气象资讯子系统、媒体气象信息发布子系统、国际化子系统、公众用户信息互动子系统。主要建设内容包括：赛场气象实况查询展示、场馆/赛道精细化预报、赛区灾害性天气预警、交通天气预报、赛区历年气候分布特征、中英双语言转换、用户信息互动。具体模块结构如图 7-4 所示。

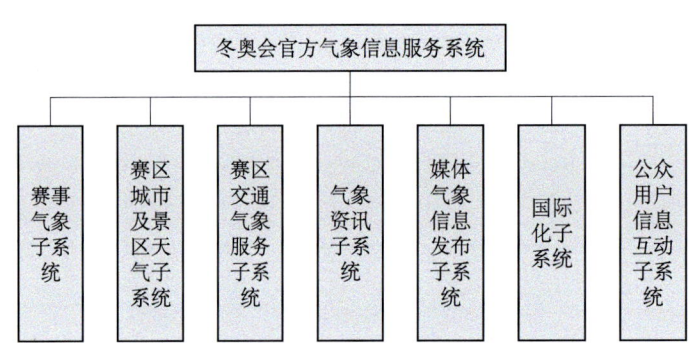

图 7-4　官方气象信息服务系统模块结构

赛事气象子系统：基于 WebGIS 平台，为公众提供赛场天气实况信息、精细化天气预报信息、灾害性天气预警等气象服务信息，主要包括赛场气象实况查询模块、精细化天气预报服务模块和灾害性天气预警模块。

赛区城市及景区天气子系统：基于精细化预报产品，提供赛区周边精细化的城市和周边景区天气服务，其提供天气服务的气象要素包括天气现象、气温、相对湿度、风向、风速、降水量、降水相态等。依赖气象历史数据、实况数据和预报数据给游客提供行前、行中的天气预报和旅行建议。赛区城市及景区天气子系统主要包括赛事城市天气预报模块、赛区周边景区天气预报模块。

赛区交通气象服务子系统：在冬奥会比赛期间为公众提供赛事活动相关的主要高速公路、轨道交通出行等精细化气象服务产品查询，主要包括赛区道路交通气象服务模块、高速公路交通气象服务模块、轨道交通气象服务模块、市内交通气象服务模块、赛区飞行气象服务模块、航空交通气象服务模块、机场天气预报服务模块。

气象资讯子系统：在冬奥会比赛期间为观众提供天气情况概览、赛事专题、天气景观、气象科普，以及冬奥会比赛期间历年气候概况查询等服务。气象资讯子系统主要包括天气情况概览模块、赛事天气专题模块、天气景观模块、冬奥气象科普模块。

媒体气象信息发布子系统：定制媒体气象信息公报模板，基于模板，自动生成冬奥气象信息公报产品，供社会媒体随时下载。主要包括媒体气象公报模板管理模块、媒体气象公报自动生成模块。

国际化子系统：国际化子系统是冬奥会期间为公众提供中、英双语的气象服务信息的获取。同时，建立数据接口类模块，实现与冬奥组委及城市运行部门的相关业务平台信息对接。国际化子系统包括国际化词库、系统定位模块、语言转换子模块、数据接口类模块。

公众用户信息互动子系统：基于冬季项目常见气象问题，建立常见问题模块，提供常见问题列表和官方回答，使公众用户能够快速地了解冬季项目中会产生的一些气象问题，使公众更加方便快捷地理解气象对冬季运动的影响。公众用户信息互动子系统主要包括问题反馈模块、赛事气象提问模块、专家回复模块。

7.3 冬奥业务应用系统

为进一步提高冬奥会期间复杂地形下冬季气象保障能力，针对赛事保障能力的提升，依托北京市气象局重点建设6个业务服务系统，分别为冬奥气候风险评估与预测系统、冬奥环境气象服务保障系统、冬奥航空气象保障系统、多维度冬奥预报业务平台、冬奥会延庆预警信息发布系统及冬奥气象综合可视化系统，通过有力的信息网络支撑为冬奥会的顺利进行提供气象信息服务，见图7-5。

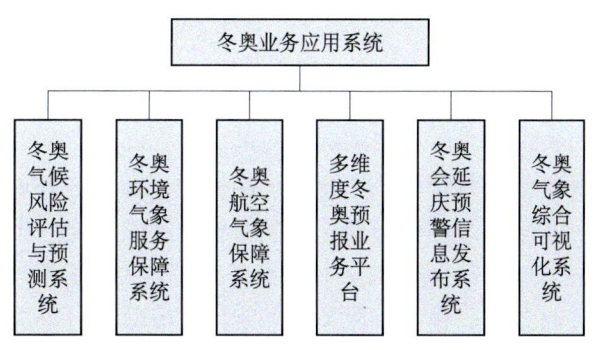

图7-5 冬奥业务应用系统

7.3.1 冬奥气候风险评估与预测系统

建立冬奥气候风险评估与预测系统是为了实现冬奥会赛事和高山滑雪、跳台滑雪等对气象条件敏感的赛事项目的气候风险评估，实现针对冬奥会赛事的跨季节月－季节气候预测、11～30天延伸期（强冷空气、降雪、雾和霾等）过程预测和次季节气候预测，最终为辅助冬奥组委决策定夺具体比赛举办时段和赛事日程安排等提供决策服务。

冬奥气候风险评估与预测系统建设主要包括冬奥气候风险评估子系统和冬奥气候预测子系统，具体内容如下。

1. 冬奥气候风险评估子系统

冬奥气候风险评估子系统基于精细的气象观测数据，利用多种统计方法建立风险评估模型，涵盖气候风险查询、检索，产品制作分发的服务平台。

①冬奥赛场自动气象站资料和邻近地区常规气象站资料的对比分析，全面地了解冬奥赛场气象风险，满足为各级管理部门提供冬奥赛事气象风险背景。

②实现影响冬奥赛事气候风险评估功能，包括降水风险评估、高温融雪赛场维护风险评估、低温赛事风险评估、大风赛事风险评估、雾和霾赛事风险评估等。

③具备良好的参数配置性和功能扩展性，实现根据需要扩充各类服务产品模板。

冬奥气候风险评估子系统主要包括赛场及邻近地区历史资料对比分析、赛事风险评估、服务产品制作和管理三部分。

赛场及邻近地区历史资料对比分析：提供对冬奥赛场自动气象站资料和邻近地区常规气象站资料的对比分析。

赛事风险评估：系统提供对影响冬奥赛事气候风险评估功能，包括降水风险评估、气温异常偏高赛场维护风险评估、低温赛事风险评估、大风赛事风险评估、雾和霾赛事风险评估等，支持历史评估风险图、强度图、密度图的查询与显示。同时，基于风险评估模型，可以根据气象实况数据进行赛场风险点密度图制作或比赛线路风险分析，实现风险的实时评估。该模块在历史资料对比分析模块所建数据库基础上，建立冬奥赛场风险阈值和历史风险数据库。具体冬奥赛场风险查询统计功能与对比分析模块基本一致。需要制作风险评估空间分布图（风险强度、密度等）。冬奥气候风险评估产品目录如图7-6所示。

服务产品制作和管理：系统根据不同的服务需求，制定出不同的风险评估服务产品模板，对各种实况资料和预报结论（文字、编码）进行加工处理，形成风险评估决策服务产品，包括决策服务产品的模块化定制、自动及人工交互生成等方式。产品的格式包括文本、Word、Excel、网页等。系统具备良好的参数配置性和功能扩展性，可以根据需要扩充各类服务产品模板。服务产品制作完成后，可以对服务产品进行快速分发和统一管理，按照时间、关键字、分发方式对产品进行快速查询，并以列表方式显示产品的类型、期号、分发时间、内容及制作时间等信息。

2. 冬奥气候预测子系统

冬奥气候预测子系统是集常用气象要素统计分析、大气环流及海洋因子诊断分析、

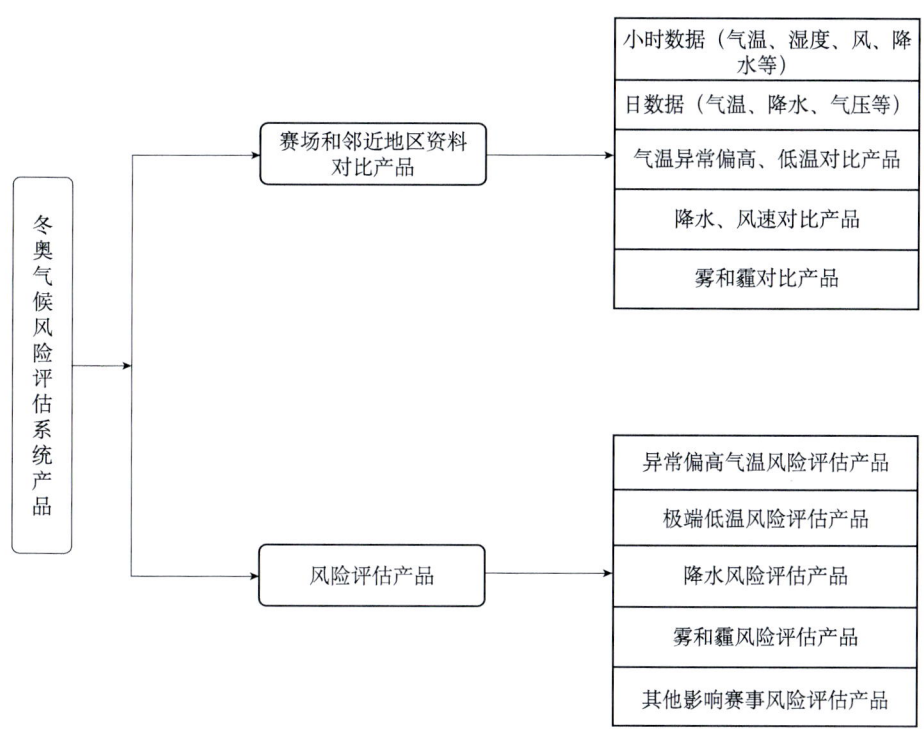

图 7-6　冬奥气候风险评估产品目录图

不同时间尺度气候模式预测产品制作和数据管理于一体的综合预测业务系统。

①有效提升冬奥会举办区域附近常用气象要素统计、大气环流及海洋因子诊断分析能力，满足气候异常的诊断分析。

②有效提高延伸期－月－季节尺度气候预测产品制作的时效，更快捷地向各级决策服务部门提供决策服务材料，更好地为冬奥会赛事和场地维护提供服务。

冬奥气候预测子系统建设是依托北京市气象局骨干网络、气象大数据存储平台和相关服务器等建设基础上，综合运用多种技术方法，通过融合常用气象资料、大气环流及海洋资料、多时间尺度气候模式预测资料建设的软件业务系统，形成气候诊断分析产品和多时间尺度气候预测产品，以更便捷地为冬奥会赛事和场地维护提供气候服务。主要包括气候诊断分析、气候模式资料显示和解释应用两个部分，其系统功能模块结构如图 7-7 所示。

气候诊断分析：气候诊断分析包括数据处理和管理、北京及周边地区历史气象资料综合分析、历史气候系统监测指数分析、历史大气环流场和海温场综合分析、数据处理和管理，其中北京及周边地区历史气象资料综合分析、历史气候系统监测指数分析、历史大气环流场和海温场综合分析三部分内容之间相互联系。

气候模式资料显示和解释应用：气候模式资料显示和解释应用包括季节气候模式预测资料的显示及解释应用、次季节模式冬奥会期间气候预测资料的显示及解释应用、月动力延伸模式冬奥会期间气候预测资料的显示及解释应用。

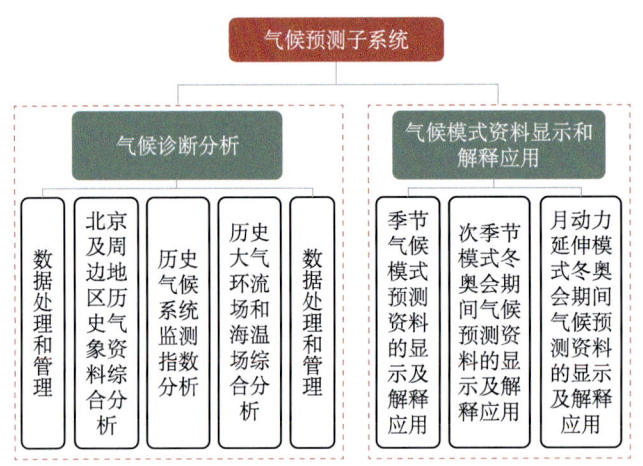

图 7-7 冬奥气候预测子系统功能模块结构

7.3.2 冬奥环境气象服务保障系统

为保障北京 2022 年冬奥会期间突发应急事故的妥善处置，北京市气象局通过建设冬奥环境气象服务保障系统为污染物的泄漏浓度量化评定以及应急方案的制定提供更准确的依据，为保障北京 2022 年冬奥会期间有毒（害）气体泄漏等突发应急事故的妥善处置提供科技支撑。

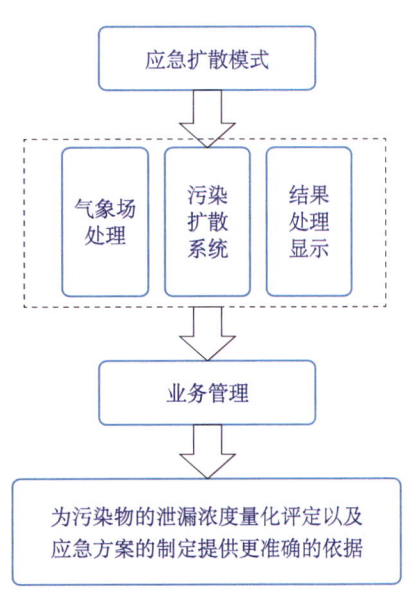

冬奥环境气象服务保障系统主要以混合单粒子拉格朗日积分 HYSPLIT 为核心，通过各类接口的编写、模式的打包及调试、数据处理及结果展示平台的建立，耦合成具有处理多种气象要素输入场、多种物理过程和不同类型污染物排放源功能的较为完整的输送、扩散和沉降功能的应急模式。冬奥环境气象服务保障系统由气象场处理、污染扩散系统、结果处理显示、业务管理四部分组成。冬奥环境气象服务保障系统框架如图 7-8 所示。

图 7-8 冬奥环境气象服务保障系统框架

气象场处理：本系统的气象背景场选用中国气象局北京城市气象研究院 RMAPS-ST 预报结果。在此基础上，研究开发气象数据自动转换接口模块。通过气象结果接口系统的开发，实现可以将 RMAPS-ST 模拟的气象背景场转化为二进制格式后输入到 HYSPLIT 扩散系统中的功能。接口平台需具有开放性、灵活性、快速等优点，方便气象数据的读取、加工。同时通过定时作业，自动控制气象接口自动转化运行，实现每天定时将 RMAPS-ST 的 96 小时预报的 netcdf 格式结果转化为二进制格式，加工处理后的数据送到服务器专用指定位置，以备扩散模式启动。

污染扩散系统：污染扩散系统基于 NOAA 开发的 HYSPLIT（混合单粒子拉格朗日积分）传输、扩散模式。此系统具有可处理多种气象要素输入场，模拟多种污染物输送扩散和干、湿沉降等多种物理过程的功能。当污染事故发生启动应急模式时，在气象数据输入的基础上，通过事故源位置（经纬度设定）、排放源高度、污染物种类（性质）、排放速率、预测区域范围、分辨率、垂直层分配、预测时长、物理化学参数化方案等信息的设定，对事故发生地周围区域未来扩散趋势进行定量计算。研究污染物输送、扩散轨迹、目标区域所受影响，预分析污染传输影响情况，为应急保障方案的制定提供科学支撑。

结果处理显示：依托污染扩散系统得到的定量结果，结合 GIS 系统实现动态展示污染物在模拟区域扩散过程；定量输出污染物浓度、影响范围、最大落地浓度、位置等详细信息；依据影响范围等信息绘制警戒线、危险区域识别、污染区域分级和撤离方向等风险指导产品；提供常用的应急决策产品模板，支持风险区绘制、文字产品包装等服务产品的一键式制作功能。

业务管理：集成界面技术，通过在 Windows 环境下采用 JAVA/Python 等语言封装的技术，实现操作封装，建立模式物理过程诊断人机交互平台。同时建立应急请求管理和系统监视子模块，用户通过集成界面完成应急服务各流程的操作和监控。包括已接入的气象数据的监视、模式运算监控、产品制作监控等。

7.3.3 冬奥航空气象保障系统

冬奥会雪上项目赛区远离城市、地形复杂，常规的交通工具难以满足快速便捷的医疗救治要求，直升机紧急救援具有速度快、效率高、不受地面条件影响的优点，是 2022 年冬奥会必备的救援方式。但是直升机的起飞、降落、飞行对气象条件非常敏感，特别是山区复杂地形条件下容易出现飞机积冰、颠簸等状况，救援难度和风险较高。因此，在开展低空飞行气象服务保障过程中，一方面，要准确评估气象条件对航空安全的影响，尽可能使一致的气象信息在服务提供者和运行决策者中产生共同的天气情景意识，最大限度地发挥气象信息在飞行保障中的作用；另一方面，要以低空飞行气象保障需求为导向，研发各类决策气象服务产品，建立资源高度共享、相互支撑、协调发展的信息发布平台，实现航空运营决策与气象服务人员的高度协调。具体目标如下：

①依托北京地区稠密的立体探测站网资料、赛场自观测数据、冬奥预报业务系统，建成集监测资料实时分析、监测预警信息快速发布、预报和服务产品智能化制作于一体的航空气象保障系统；

②对气象实况进行监测和自动化分析，并实时发布低空飞行所关注的积冰、颠簸和风切变等风险预报产品；

③通过综合分析气象条件，快速发布起飞点至冬奥应急救援区、京津冀范围任意备降点的航空起降气象条件、航线气象预报、中短期天气趋势、航空气象风险评估等服务产品，提升直升机飞行应急气象保障能力，降低救援风险。

冬奥航空气象保障系统具备对多种观测资料和数值预报模式的综合分析、低空飞行气象条件的智能分析以及航空运营决策气象服务专项产品的快速制作与发布能力，实现从多源观测数据、专业数值模式、专家辅助支持到航空气象服务产品实时分发的专项气象保障，使冬奥组委管理人员和急救中心调度人员能够快速地获取冬奥关键区的起飞和降落条件以及航线过程的风险预报信息，为冬奥会的紧急救援提供有效的决策依据。其功能如图7-9所示。

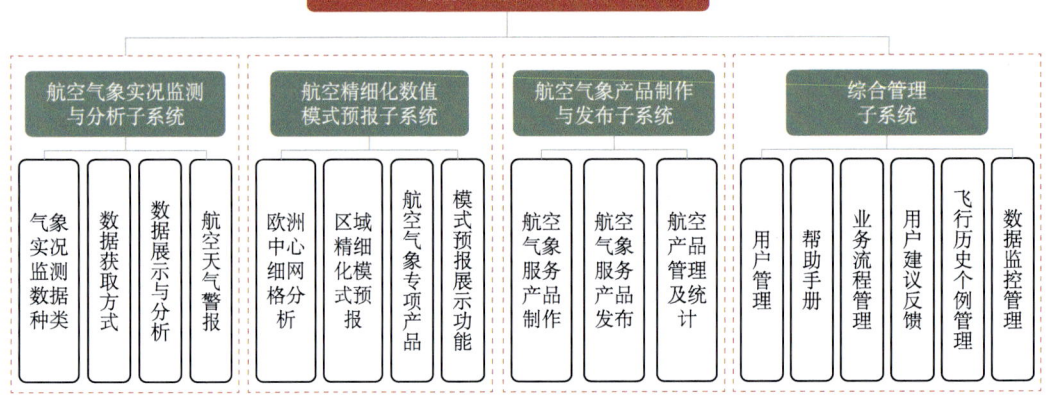

图 7-9　冬奥航空气象保障系统功能模块图

航空气象实况监测与分析：实时显示多源气象实况监测数据，包括救援直升机起飞点、备降点和航线的气象要素，便于快速分析航空区气象条件。在集成多源实况监测数据基础上，采用大数据可视化分析技术、风险气象因子智能识别技术来实现起飞点、备降点和飞行航线的自动报警功能。

航空精细化数值模式预报子系统：数值天气预报模式产品为航空气象预报业务提供了更丰富的资料来源，利用格点化的模式预报产品生成多种资料场图形产品，通过诊断分析和物理量计算得到各种物理量诊断产品、气象指数和预报参数，对预报航空重要天气极为重要。该模块主要针对直升机的起飞点、备降点和航线实现精细化预报快速的展示，分析短期气象条件的变化对飞行的影响。从地面到高空 100 hPa 各层数据，气象要素预报包括：气温、1 小时降水、3 小时降水、风向风速、位势高度、相对湿度、低云量、0 ℃层高度等要素，以及不同高度飞机积冰、颠簸等风险预报产品，快速展示飞行区域内短时临近气象条件的整体情况。因此，在精细化要素预报制作过程中，需要参考多种数值预报释用产品和实况再分析产品。主要包括欧洲中心细网格分析、区域精细化模式预报、航空气象专项产品、模式预报展示功能。

航空气象产品制作与发布子系统：面向服务人员提供精细化气象要素显示、分析、交互订正的预报制作，实现对低空飞行的气象条件风险产品的制作和发布，包括航空天气预报、航空天气预警、重要气象情报和低空气象情报等。

综合管理子系统：实现对系统的综合管理，包括用户管理、业务流程管理、服务产品管理、值班管理、数据监控管理、飞行历史个例管理等功能模块。

7.3.4 多维度冬奥预报业务平台

建设多维度冬奥预报业务平台，集多源资料监测分析、智能预警、智能网格预报、产品转换和预报检验为一体的集约化综合业务平台，该平台满足不同层级的用户需求，满足北京2022年冬奥会气象预报服务需求。

①实现包括冬奥赛区在内的多源资料自动监测与三维分析和智能客观预警功能，提高对灾害天气、高影响天气的监测和预警水平。

②提升智能网格预报的自动化和智能性，精细化气象要素预报实现时间分辨率从分钟到10天的无缝隙集约化气象预报业务体系，水平空间分辨率京津冀达3千米，北京地区达1千米，赛区和特定活动区域空间分辨率加密达到预报服务需求。

③实现将精细化自动预报子系统和精细化自动预警子系统中的数值预报、预警信号和风险预警信息通过规则自动转换为最终生成满足需求的预报和预警等预报图文产品，提高图文预报生成的自动化，减少人工编辑。

④完善预报预警检验功能。实现对实况、网格、站点客观预报和相应的主观预报，预警信号和风险预警产品进行满足业务需求的科学检验。

多维度冬奥预报业务平台建设以北京市气象台业务使用的无缝隙集约化智能网格分析预报系统（iGrAPS）和北京地区短时临近天气监测预警一体化平台（VIPS）为基础，结合中国气象局MICAPS 4软件在北京市气象台的本地化应用，建立从数据输入、主客观中间处理到最终产品输出的一整套科学智能的业务系统，增加和完善相应功能，提高系统运行流畅度和可视化程度，主要应用云计算、大数据、互联网＋、智能化等现代信息技术，搭建基于统一数据环境和计算资源的众创型业务发展平台。

此平台需要具备从大尺度平面综合分析到小尺度立体监测分析的自由切换，其精细化程度满足冬奥预报服务不同层级用户的需求。建成时间分辨率从分钟到10天的无缝隙集约化气象预报业务体系，精细化气象要素预报水平空间分辨率达1千米，赛区和特定活动区域达500米，气象预报精细化和准确率满足北京2022年冬奥会气象保障需求。

在北京市气象台建立多维度冬奥预报业务平台，平台内容主要包括精细化自动预报子系统、精细化自动预警子系统、预报预警产品转换子系统和预报质量自动检验与评分子系统，具体如图7-10所示。

精细化自动预报子系统：精细化自动预报子系统在现有无缝隙集约化智能网格分析预报系统（iGrAPS）的基础上建设一个以冬奥精细化网格预报服务为核心的业务平台。目的是利用高效智能格点平台能实现对定量化预报、智能化订正和精细化服务应用的完整支撑，能够更好地满足冬奥气象服务和冬奥期间北京地区的气象预报服务要求。

精细化自动预警子系统：精细化自动预警子系统是对北京市气象局短时临近预报预警的重要业务平台（VIPS平台）的扩展建设。目前该业务平台主要实现了基于多源实况数据基础上的灾害性天气监测、报警、分区预警信号制作和发布、实况天气上报和共享等功能。

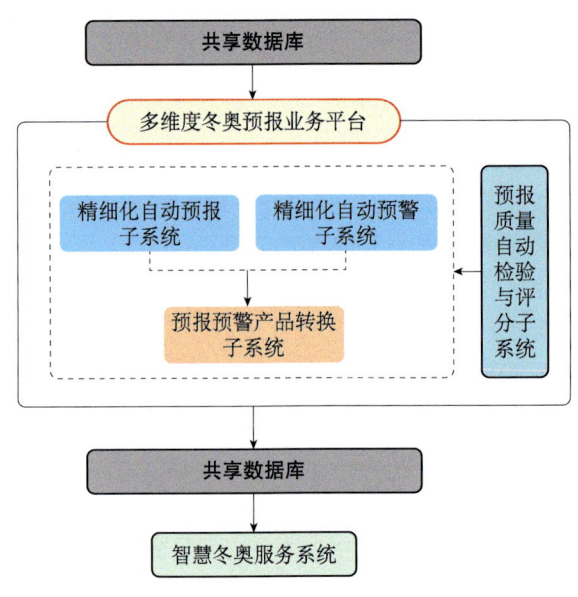

图 7-10 系统架构及上下游关系

预报预警产品转换子系统： 预报预警产品转换子系统是将精细化自动预报和精细化自动预警中的数字网格预报、灾害性天气预警和风险预警等信息通过规则自动转换为最终满足需求的预报和预警等预报图文产品。

预报质量自动检验与评分子系统： 预报质量自动检验与评分子系统是对实况、网格和场馆客观预报以及相应的主观预报、灾害性天气预警和风险预警进行实时检验，为预报员和预报产品使用者提供参考依据。

7.3.5 冬奥会延庆预警信息发布系统

为实现对保障延庆赛区赛事安全的辅助保障功能，需要建设统一的预警信息制作发布平台，实现延庆区各类预警信息的汇总和统一制作，实现与市级预警信息发布中心的互联互通，实现互联网、电视、广播、短信、电子显示屏等传播媒体的一键式发布，确保预警信息快捷有效地覆盖赛区及周边重点区域，其建设目标如下。

①建设支撑智慧冬奥服务的现代化预警信息网络系统，冬奥会延庆预警信息发布系统作为北京市冬奥会气象服务保障工程建设内容之一，以预警信息在电视、网站、微信、显示屏等可视化媒体及移动设备、多媒体屏幕等传统渠道和智能终端的个性化、便捷化展示为终极目标。依托全区已建预警发布手段和系统，提高自然灾害、火灾、大气污染、重大传染性疾病、有毒有害气体泄漏等突发性事件和应急气象服务水平，增强全区与气象条件密切相关的突发性事件应急处理能力，为冬奥会提供专业、有效的预警安全服务保障。

②形成国家市区一体化的预警发布体系，延庆区预警信息发布中心作为北京市市级突发事件预警信息发布平台的下级单位，不仅支持在延庆区突发事件预警信息的录入、审核、发布，提供预警信息查询统计管理等功能，而且打通了与北京市突发事件

预警信息发布平台的信息共享通道,实现市平台预警信息的一键式靶向发布,完成预警下发和状态信息上报,并通过市预警平台为跳板,能够直接接收国家突发预警平台发布的延庆区预警信息,形成国家、市、区一体化的预警发布体系。

③整合全区各委、办、局多种手段预警发布资源,通过延庆预警信息发布平台软件的建设,整合区气象局、区地震局、区水务局、区住房和城乡建设委员会、区森林防火指挥办公室、区旅游工委、区卫生局、区工商局等各个委办局的预警信息发布需求、资源和电视、广播、短信、电子显示屏等各类发布渠道,优化现有发布手段,建成区预警信息发布中心为依托的预警信息发布体系,实现以信息员网格化单元为基础的预警信息分灾种、分区域、分群体、分时段的及时发布,最大限度地扩大预警信息覆盖范围,提升预警信息发布速度。

④建立健全延庆区预警信息发布机制,建立区气象灾害应急发布协作机制,预防和减轻气象灾害造成的损失。尤其是优先整合奥运场馆周边、旅游景区、山区和农村气象灾害应急预警系统,形成在全市气象灾害管理体系的框架下,在全区方位内建立灾害事件气象应急发布机制,加强与农业、林业、水利、国土、交通、民航等部门的沟通、联系,建立协作机制,实现信息共享、资源互补,共同开展突发预警信息发布工作。

建设冬奥会延庆预警信息发布系统,具备预警信息制作、签发、审核流程上的业务特点,实现预警信息的自主下发,对接北京市预警发布平台,接收其下发的预警信息,并向其回馈状态信息。建立起覆盖延庆区的公共信息和预警信息发布网络,形成全区范围预警信息发布体系,通过多种发布手段形成覆盖全区的公共信息和预警信息发布能力,切实提升延庆区预警信息发布的广度和深度,实现预警信息分灾种、分区域、分群体、分时段的安全、及时和有效发布,全面提高区突发事件预警信息发布能力和水平,有效提升区政府应对突发事件的能力和公共信息准确及时发布的能力,提高应急责任人预警信息接收的时效和到达率,提高社会公众公共信息接收的覆盖率,达到在突发事件应对中减少人员伤亡、降低财产损失的目的。

根据延庆区预警信息发布可用资源情况,将预警信息通过委办局自有发布渠道、手机短信、显示屏、电视广播插播、预警微信、预警微博、传真、邮件等渠道对外发布,预警信息发布系统主要建设三部分内容:数据库单元、应用支撑单元、应用软件单元。其中数据库单元将信息分为七类:基础信息(元数据)、预警信息、发布渠道、地理信息、应急预案、预警模板、系统运维。应用支撑单元包括四类引擎:Web展示、推送控制、数据报表、数据交换。应用软件单元包含五大子系统:预警信息发布应用、预警信息发布渠道、预警信息决策支撑、预警信息"靶向"发布(接口设计)、预警信息发布互联互通(接口设计)。具体功能如图7-11所示。

1. 应用软件单元

应用软件单元实现预警信息监测、制作、审核、发布、查阅以及预警信息发布相关渠道、接收终端、平台等的对接。

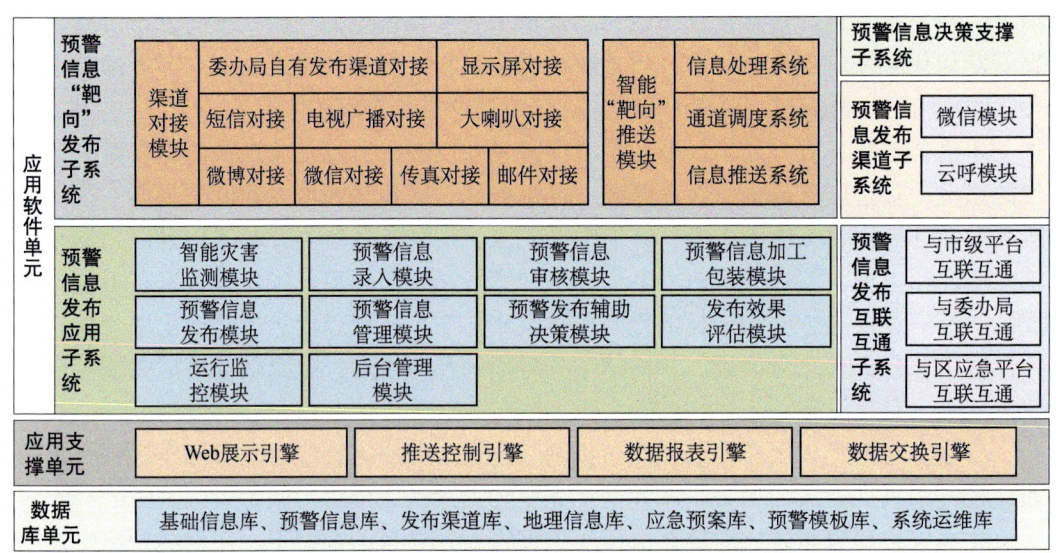

图 7-11 冬奥会延庆预警信息发布系统功能框架图

预警信息发布应用子系统： 通过构建和规范预警信息的发布机制和发布流程，收集预警信息发布的反馈信息，实时监控系统各节点运行状态，实现突发事件预警信息及时、准确、畅通、有效地进行发布。

建设内容包括 10 个功能模块，分别为：智能灾害监测模块、预警信息录入模块、预警信息审核模块、预警信息加工包装模块、预警信息发布模块、预警信息管理模块、预警发布辅助决策模块、发布效果评估模块、运行监控模块和后台管理模块。

预警信息发布渠道子系统： 发布渠道是预警信息发布的关键点，建设内容包括预警信息微信模块、预警云呼模块。

预警信息决策支撑子系统： 预警信息决策支撑子系统主要实现应急指挥所涉及的灾害综合监测、预报预测、精细化预警、隐患点分布、防灾动态等数据信息统一集成、合理展现。借助信息化手段，实现对气象灾害进行实时跟踪与监控，快速显示或查询相关数据、图形、视频等信息，直观展示，为领导决策提供参考。

预警信息"靶向"发布子系统： 预警信息"靶向"发布子系统包括渠道对接模块、智能"靶向"推送模块。

预警信息发布互联互通子系统： 系统包括与区应急平台互联互通、与委办局互联互通、与市级平台互联互通，实现预警信息基础资源的获取、委办局已有发布系统的对接、预警信息向上级备案及获取下发信息。

2. 应用支撑单元

应用支撑单元引擎根据需求实现 Web 展示、推送控制、数据报表、数据交换等功能。

3. 数据库单元

数据库单元包括基础信息库、预警信息库、发布渠道库、地理信息库、应急预案库、预警模板库、系统运维库。建设内容包括数据库设计、数据库初始化。

7.3.6 冬奥气象综合可视化系统

为满足冬奥气象服务全流程、多方面的业务需求，冬奥北京气象中心牵头，与冬奥河北气象中心、中国气象局业务单位合作，基于"云＋端"进行冬奥核心业务系统部署。经过近4年科技攻关，冬奥气象科技团队研发出了冬奥气象综合可视化系统，该系统全面覆盖了冬奥期间可能会出现的气候状况。图7-12为冬奥气象综合可视化系统的子系统分类展示。该系统提供冬奥赛区分钟级三维立体观测数据、百米级数值预报产品、赛区精细预报、赛区服务专报以及冬奥业务综合监控报告等综合查询显示，是冬奥预报服务人员查看气象数据资料的重要平台，也是生产ODF数据的平台。

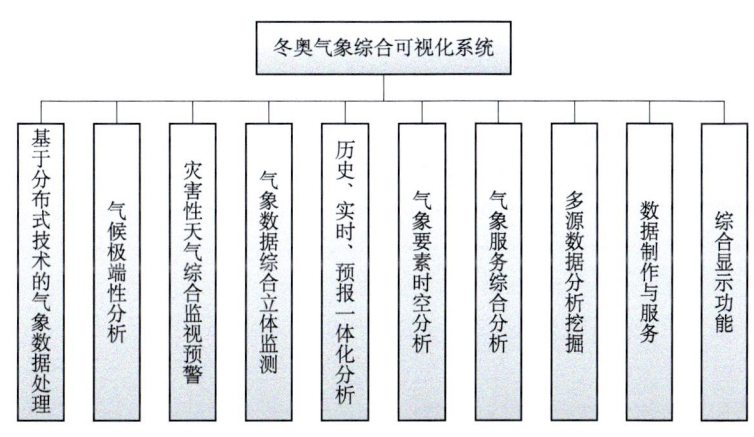

图7-12 冬奥气象综合可视化系统

①实现对于服务冬奥的气象服务产品的分析与显示，冬奥场地气象监测数据的实时（分钟）显示涵盖北京和河北的气象站观测、移动气象站、应急气象监测设备、雷达、卫星、天气实况产品（赛道和场馆气象条件、场馆降雪量、赛道和场馆特殊要素人工监测、雷达图像、卫星云图、主办城市历史资料和天气实况）、气候预测产品、赛事天气预报预警产品（赛区天气预报）等内容。

②实现对自动气象站、卫星、雷达、探空等多源观测资料、精细化预报预警产品的综合展示。实现定制站点或定制区域的综合数据展示，包括实时数据、历史数据、极值、环境数据、探空数据、雷达、卫星及近期相关的决策服务材料等，便于预报服务人员及时掌握多方位的数据材料，更精准地获取相关信息。

③实现冬奥天气实况产品（赛道和场馆气象条件、场馆降雪量、赛道和场馆特殊要素人工监测、雷达图像、卫星云图、主办城市历史资料和天气实况）、气候预测产品、赛事天气预报预警产品（赛区天气预报）、场馆精细天气预报及公众产品的中英文

语言转换、发布频次以及适用于冬奥组委信息系统（INFO）格式功能。

冬奥气象综合可视化系统根据预报服务人员需求持续进行多次升级，精细打磨完善交互式体验和多项功能，有效地满足了冬奥预报服务人员的业务需求，同时通过冬奥专线提供冬奥组委使用。

冬奥气象综合可视化系统首先精准实时监控了每个比赛站点的实况，并且针对比赛站点的天气情况，结合多源数据做出精确的未来一定时间的气候预报，如图7-13和图7-14所示。

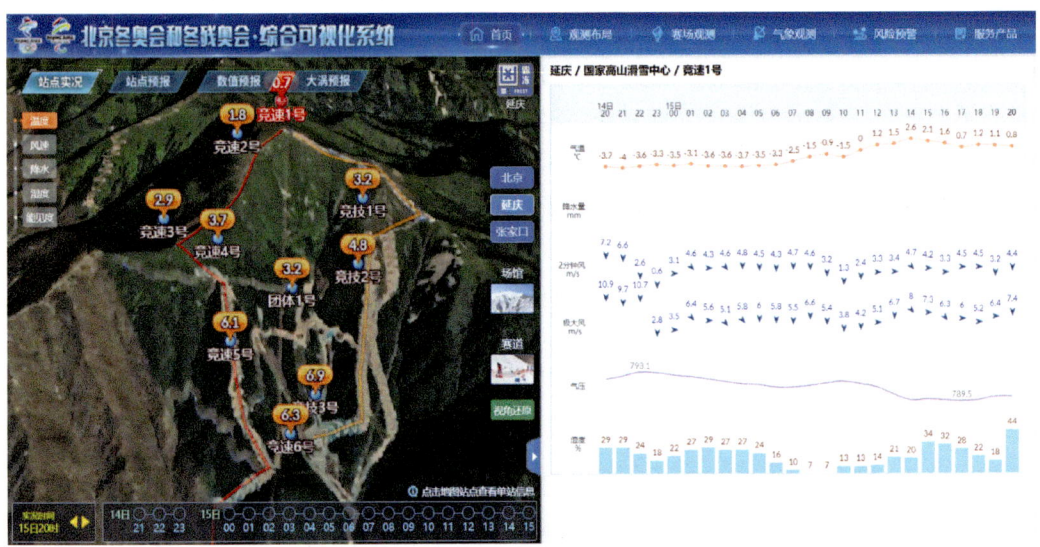

图7-13 综合可视化系统站点实况监控

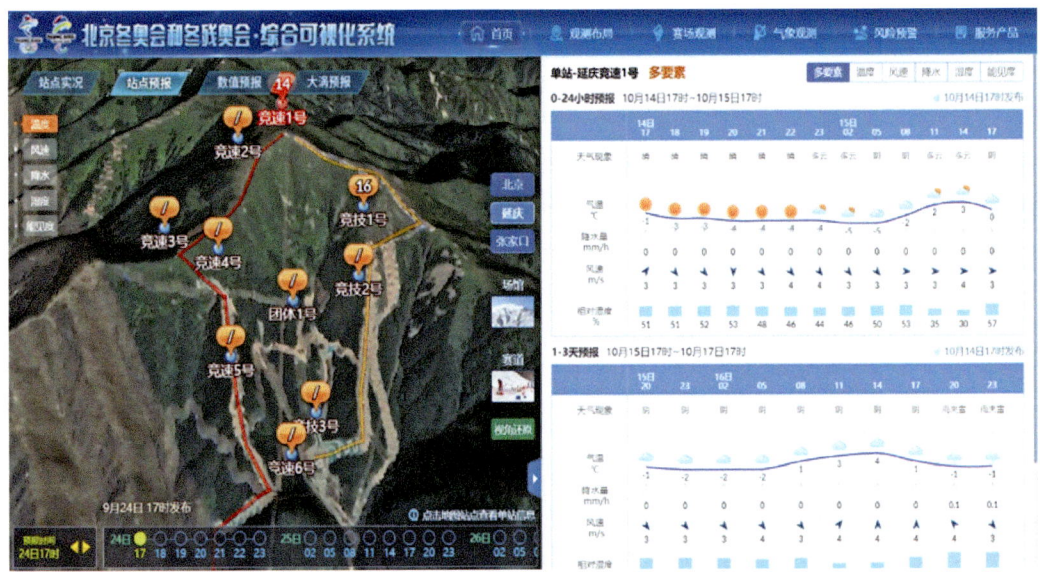

图7-14 综合可视化系统站点天气预报

此外,冬奥气象科技团队还研发出了高精度数值天气预报模型、多源气象数据快速集成融合模型、大气涡流尺度数值模拟计算模型、人工智能误差订正模型等新技术新方法,构建了冬奥气象"百米级"预报技术体系,形成了冬奥高精度气象预报系统"睿图－睿思"(图 7-15、图 7-16),实现了冬奥会山地赛场的 0～10 天"百米级"网格气象预报以及冬奥关键点位的 0～10 天定时、定点、定量气象预报,多项技术填补国内空白,核心技术完全自主可控,并在北京 2022 年冬奥会气象服务中得到广泛应用。

图 7-15 "睿图－睿思"系统百米级数据实时显示

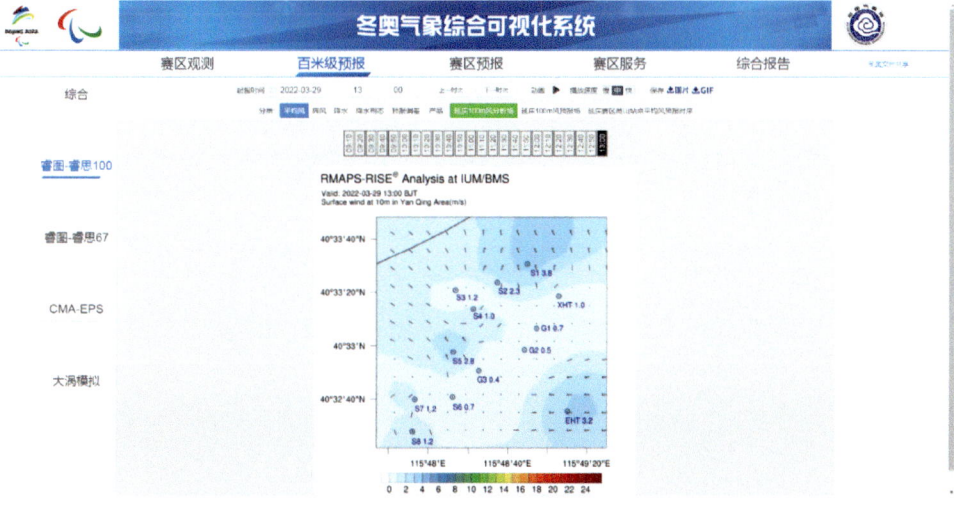

图 7-16 "睿图－睿思"系统百米级数据风力监测实时显示

人工智能预报技术是国际上第一次在冬奥会气象服务保障中获得应用。冬奥会气象保障服务需要0～10天的高精度气象预报作为支撑，需要做到"定时、定点、定量"的气象预报，而在地形复杂山区的这种小尺度精准气象预报本身就是国际气象界的一道难题，既有的现代数值天气预报模型和传统的技术方法有时存在较大的误差，因此，就需要借助人工智能技术和大数据技术，通过对海量的数值天气预报模型预报数据和大量的气象观测数据进行"再解读"，从而实现客观气象预报的"再订正"，提升冬奥气象预报的精准度。

"睿图"团队针对冬奥研发的技术和产品特点就是，空间网格细、时间更新频率快、预报精准度高。以降水预报为例，由多个子系统构成的"睿图"模式体系，其降水预报的核心是其中的两个子系统。其中，临近数值预报集成子系统主要关注未来2小时内天气，每10分钟更新一次，是气象预报员对雷暴等灾害性天气做出临近预警的重要参考；短期预报子系统则主要关注未来2～12小时的天气，是短时天气预报预警的重要参考。

目前，"睿图－睿思"系统在本届冬奥会1万平方千米的山地赛区范围内（包括张家口赛区和延庆赛区及其沿线区域），能够做到百米级的预报网格分辨率。"睿图－睿思"系统不仅布置在冬奥山地赛区及周边，北京城区以及近郊区地带也配备了另外一套"睿思"系统，后者的预报网格也能够达到百米级分辨率。此外。除了降雪和低温等因素，冬季室外项目还深受地理环境和风场条件影响，尤其是赛道突变的纵风及横风，会影响高速滑行中运动员的成绩，甚至是生命安全。基于这种情况，"睿图"团队还研发了67米网格和22米网格的风和温度预报技术并加入了大涡模拟功能，如图7-17所示。此外，在冬奥3个赛区6个主要场地（古杨树场馆群、云顶场馆群、国家高山滑雪中心、国家雪车雪橇中心、首钢园区、"鸟巢"），相关技术已经实现了

图7-17 "睿图－睿思"系统百米级预报大涡模拟

67 米网格的 0～10 天逐 1 小时预报，在跳台滑雪场和国家雪车雪橇中心则实现了 22 米网格的 0～24 小时逐 10 分钟预报。

为了进一步满足本届冬奥会期间对阵风预报的特殊需求，研究人员通过集成创新，结合延庆、张家口赛区山地特点，在数值预报模式的基础上，利用动力降尺度手段研发了百米级"睿思"阵风预报技术。该技术不仅能够更直观、精细化地展现出阵风随山体的变化趋势，而且最高分辨率达 67 米、预报时效可达 10 天，可以为冬奥山地赛场任意点提供及时、精准的阵风预报。"睿思"系统可以让 24 小时时段内的预报达到很高的时空精准度，并且可以拓展预报时效到 10 天，对冬奥会等重大活动保障起到关键性作用。

第 8 章 冬奥气象信息化建设的项目管理制度

气象部门项目指以扩大业务能力或新增工程效益为主要目的而实施的新建、改扩建、续建项目。气象部门垂直业务体系和双重计划财务体制的特点，决定了项目来源多样，资金渠道多元，管理任务繁重。随着气象现代化建设的不断深入，项目投资的比重将越来越大。因此，加强项目管理，充分发挥资金的使用效益，切实提升气象现代化水平，做好项目内部控制十分重要。

当前，适用于项目管理制度仍不是很完善。如业务管理部门对各自的职责分工、业务流程并不清晰，项目执行单位内部针对项目管理的岗位设置不尽合理，对管理人员的培训力度不够等也制约了项目内部控制管理能力的发挥。

由于气象部门垂直业务管理体系的特点，其项目管理的特殊性和复杂性，特别是项目来源多样、资金来源多元，进一步增加了内部控制制定和执行的难度。为切实抓好项目内部控制管理，本章对项目管理进行了调研和总结，以期对做好项目内部控制管理有一定的借鉴作用。

8.1 组织机构

项目组织管理的最高决策、管理机构是北京市气象局，具体协调工作由北京市气象局计财处、减灾处负责。设立项目建设领导小组，由北京市气象局领导等组成，共同参与项目建设管理过程。项目成立项目建设管理办公室，具体负责项目建设的日常工作。

为了保证项目的顺利实施和正常运行，确保工程质量并达到预期目标，承建单位、监理单位在领导小组的统一组织下，设立项目建设实施小组，统一组织、协调项目建设工作，具体负责项目建设工作。组织结构如图 8-1 所示。

专家组：负责为项目设计与实施提供咨询和建议，协助审核各阶段的计划、实施方案，参与工程设计方案的评审、工程验收。

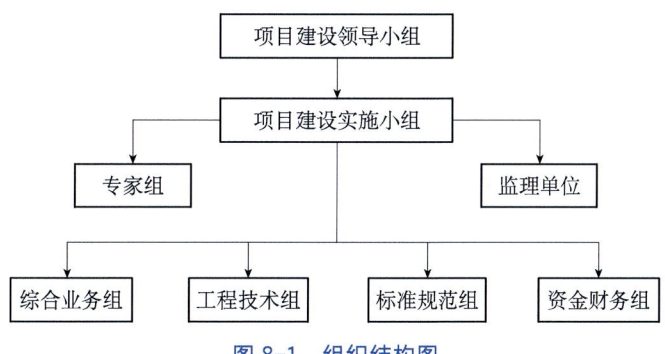

图 8-1　组织结构图

监理单位：经过规范的招标程序，选定有大型信息系统工程监理资质的机构，具体承担项目建设的监理工作，对项目建设的质量、进度以及投资进行控制和管理。

综合业务组：负责项目综合协调工作；负责业务需求的细化和深化，研究提出相关分析模型；审核项目需求规格说明书；监督软件定制开发工作；参与项目验收。

工程技术组：负责项目技术协调工作；组织编写项目可行性研究报告、编制项目的初步设计；组织项目方案论证会；制订工程实施方案和进度计划；组织工程实施和质量管理；负责工程技术方案、工程设计书、工程建设计划、设备采购标书等工程技术文件的编写审核；负责工程验收移交。

标准规范组：负责组织研究、制定项目标准规范体系并监督执行。

资金财务组：负责制定年度投资计划，落实投资资金和项目资金管理，根据国家有关规定审核项目资金的支付使用。项目实施组织机构包括项目组织管理组和各项目组，组织结构如图 8-2 所示。

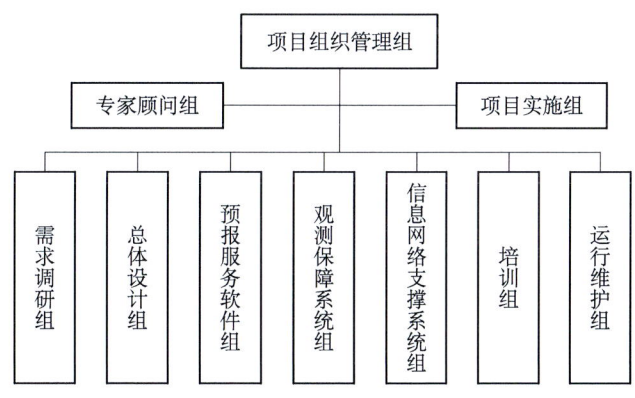

图 8-2　项目实施组织结构图

1. 项目组织管理组

负责项目管理和组织协调，对项目的设计、实施全程监督，并对最终成果的质量负责。

2. 专家顾问组

由相关领域的业务和技术专家组成,负责对总体技术方案和总体实施方案的评审,并就项目组可能遇到的技术难点提供咨询意见,对需求变更做出决策。

3. 项目实施组

项目实施组的具体职责包括制定各小组认同的项目计划;安排各类会议日程;监控项目过程和进度;编写项目进度报告;定期举行项目进度会议;协调项目中的人员和资源;维护问题清单并保证每个问题都得到圆满解决。该小组下设需求调研及需求分析组、总体设计组、预报服务软件组、观测保障系统组、信息网络支撑系统组、培训组和运行维护组。

8.2 管理制度

相关管理制度主要包括项目会议制度,书面信息沟通制度、重大事项决策以及人员培训。

1. 项目会议制度

监理例会:项目监理方定期召集监理例会讨论项目进度。会议由北京市气象局(业主)项目相关负责人、承建方项目负责人、监理方等参加。项目经理在会上报告项目状况并提交项目进展的书面报告。会议将审查项目进度,沟通问题,协调工作,并根据项目实际进度情况,决定计划的调整和对后续工作的安排。会议应形成正式会议纪要并发给与会人员签收。

项目专家论证会:由监理方负责召集,系统建设项目专家组参加,旨在对项目重大事项(如总体技术方案)进行论证。项目专家论证会不定期召开。

项目组内部例会:承建方项目组内部定期按计划举行项目内部例会。由项目经理召集,项目主要负责人员参加,视情况项目其他有关人员也可参加。内部例会定期举行。

专题讨论会:北京市气象局(业主)和承建方项目组成员均可召集专题讨论会,就某些专门问题进行讨论,取得一致。专题讨论会不定期举行。

2. 信息沟通制度

承建方每周定期向业主、项目承担方和项目监理方提交项目进展的书面报告;承建方每周定期向公司领导以书面或正式会议的方式汇报项目进展情况;承建方项目经理根据项目建设过程中遇到的各种问题,随时通过电话、传真或电子邮件等方式与北京市气象局(业主)、监理方、专家组进行沟通和汇报。

3. 重大事项决策

项目重大事项是指项目范围的重大变更，或项目实施过程中的重大问题，比如项目重大延期、项目重大的商务问题等。此类重大事项一般情况下可采用书面报告的形式进行沟通和协调，必要的时候采取专题会议的形式进行决策，会议由监理方召集，参加人员包括：北京市气象局（业主）、项目承建方、监理方，会议最终决定以三方书面签字的方式确定。

4. 人员培训

人员培训的目的是为了使北京市气象局工作人员了解、掌握本系统所涉及的各种技术和设备，更有效和更全面地应用、管理系统。对于一般工作人员，应能灵活操作、使用本系统，对于系统管理人员和技术人员，要能够达到独立操作、分析、判断解决系统一般性问题。

（1）培训对象

培训对象为北京市气象局各级领导、工作人员、硬件维护人员以及系统管理人员。

①中层以上领导。北京市气象局各级领导。通过培训，使领导能掌握其日常工作所用系统各功能模块的使用。

②工作人员。本期项目中各系统的使用人员。通过培训，能掌握其日常工作所用系统各功能模块的使用。

③硬件维护人员。负责北京市气象局已有的相关硬件设备的日常维护、故障排除等工作。

④系统管理人员。即在项目建设过程中主要参与全过程实施的各专业工程师与技术开发人员和系统维护人员，通过培训，掌握系统的基本维护和日常管理工作，当系统出现一般性问题时，通过培训的系统管理人员能及时解决问题，不影响系统的使用。

（2）培训内容

培训内容如下。

①领导交流与培训。大型工程作为一把手工程，需要为各级领导提供多层次、全方位的交流，使其对系统有更深刻的认识，积极参与并主动带头使用，促进内部工作人员不断使用本系统。领导培训除要完成必要的使用培训外，更多的是与领导进行沟通，充分体现各级领导对系统提出的要求，并将这种要求贯彻到系统的建设过程中。

②技术培训。由于系统最终运行在北京市气象局，技术人员需要对整个系统有比较深入的了解，以便能够自主完成对系统的日常维护工作，并在需要的时候，可以在系统的标准体系框架下，开发新的系统模块，丰富系统的功能，技术培训效果的好坏直接影响未来系统的使用效果。

③管理培训。针对系统管理人员和系统主要使用人员。在系统的管理工作中，技术管理只是其中的一个方面，还需要对系统进行日常的配置管理和定制管理。

④使用培训。面向使用者提供使用培训，由于系统使用涉及的部门众多、人员众

多，业务繁重，针对这类人员的具体情况，可以提供若干期"大课"的形式，配合培训教材，使其初步掌握系统的使用方法，在具体的工作中，还可以由各部门的系统管理员言传身教，为其解决具体的操作问题。

（3）培训方式

培训方式采用集中培训、现场培训、发放宣传材料等相结合的方式，针对不同层次的人员，开设不同的培训课程和确定培训方式。

①集中培训方式。分别针对系统管理员、系统维护人员和系统操作人员，开设集中培训课程。重点是系统维护人员和系统操作人员，采用集中授课的方式进行培训。

②现场培训方式。重点针对系统管理员，通过在现场的施工和培训，深层次地掌握系统各设备的使用、维护、故障检修和各种日常操作等。

③发放宣传材料方式。针对平时工作繁忙的大量普通用户，可以印制宣传材料在相应的职能部门向用户发放，促进其自学。

为了确保系统相关用户能够全面掌握系统使用、功能配置、维护方面的操作方法，确保日后更好地使用和维护本次项目中建设的系统，我们根据本次项目建设系统的功能特点、客户需求、人员状况以及项目实施计划进行具体分析的基础上，针对系统管理员、关键用户和一般用户提供一系列行之有效的培训，培训的内容包含系统组成、功能、用途、具体操作方法等以及其他必要的相关知识。我们针对此次项目的特点设计了专有教材，聘请具有丰富教学经验的教师进行培训。本次培训的目的以及需要达到的预期效果如下。

①系统管理员。能够熟悉系统体系结构，熟练掌握相关系统软件和应用软件的使用，能够分析系统故障、管理系统设备、掌握系统内部和外部接口，具备系统管理和系统功能扩展与系统升级能力。

②关键用户。能够熟悉系统体系结构，熟练掌握系统的操作方法以及系统常用功能的配置方法（例如运维流程的个性化定制），能够指导一般用户使用系统功能，解答一般用户对于系统操作上的问题。

③一般用户。能够熟练使用系统进行日常监控管理工作。

④通过培训保证业务前端人员80%以上掌握本平台的全部操作功能。

为了使客户技术人员能熟练掌握系统的使用，专门组织教材编写小组。由参加该项目开发的设计师、开发工程师和测试工程师以及培训教师组成教材编写小组，编写详尽易懂的培训教材，也为本次项目搭建培训所需的环境。

同时结合电子学习平台，还可以针对系统中一些重点和难点制作一些培训课件和电子教材进行网络学习和自主学习，以方便一些由于各种原因不能参加现场和集中培训的人员学习掌握系统的使用。

提供客户培训，统一采用中文教学（中文教材、中文授课）。培训材料包括可视化课件、软件使用手册、软件安装手册、软件调试手册、二次开发功能调试手册、软件维护手册、二次开发功能指导书等资料。

总体来讲，切实做好气象部门项目管理内部控制工作，要进一步完善制度、明确各内设管理机构职责，从项目立项、中期实施到竣工验收强化全流程监管，发现问题及时纠正，保证实施进度和质量。以竣工验收规范为标准做好项目资料的收集整理。

8.3 制度建设与过程控制

项目立项应经过充分讨论，针对不同渠道的项目加强立项环节内控。自主申报项目重点在考核指标的量化和成果认定方面，资金的使用和支出；统一布点项目重点放在与本地业务系统的衔接，明确分项考核目标，制定好实施方案。根据项目规模大小编写项目建议书、编制可行性研究报告、编报实施方案。不随意调整项目实施内容。确实需要调整的按规定的程序决策报批或报备。项目调整内容应有相应的决策记录，如项目负责人在项目执行中发现实施内容需要变更的，要及时向项目所在单位提出申请，由项目实施单位进行初步审查并在重大事项中予以记录。同时报上级主管部门按规定程序报批或报备。在涉及经济事项变更的同时应向计划财务部门报批或报备。

1. 加强项目合同管理

项目执行中期内容主要通过项目合同的签订来实现。业务单位一般缺少精通财务和法律专业人才，省级气象部门大多由计财、法规、纪检等一同参与项目合同审查，一定程度上起到督促和监督作用。但是要真正做好项目合同管理，就要从项目实施单位主体责任上解决这个问题，具体可以通过简化合同格式、细化合同内容约定做起，可以根据招投标中标文件为基础进行合同的拟订。固定化项目合同的通用条款，主要是合同内容中涉及的订立条件、争议处理方式、知识产权归属、保密条件等相对稳定的合同权利义务约定。根据中标单位的商务标承诺等，形成中标合同的专用合同条款。专用合同条款主要集中于中标单位的商务投标承诺、购买商品或服务的基本情况、质量标准、验收要求、服务承诺、联系方式等与合同履行直接相关的条款以"清单"的形式交接给合同履行（验收）人，这样也可以有效解决业务验收小组因不熟悉合同内容而造成的合同签订与履行相脱节的问题。

2. 做好项目公开公示工作

要明确不相融职责分工，做好项目公开公示工作。对项目实施单位而言，建立和制定适合本单位的项目管理制度是十分必要的。明确不同岗位对项目应负的责任，并定期对项目执行情况进行通报，重点环节进行必要的公示。项目负责人对项目的立项方案、技术开发、业务开发系统验收、技术文档归集等负责，办公室对项目资金支出真实性、合规性审查，按项目进展情况审查，对项目资料的归档进行整理汇总，项目竣工财务决算报批和提请项目验收等。在项目执行过程中，把握项目委托外包的实施，组织好项目分项目验收。对合同付款进度严格按照项目进度支付，首付款不得超过30%。

3. **主管部门加强项目验收工作**

项目验收工作是整个项目最终结束的标志，是对项目实施的全方位总结。竣工验收工作形成的主要报告性文件包括项目建设情况报告、技术测试报告、用户使用情况报告、项目投资使用情况报告、财务决算报告、竣工结算审核报告、财务决算审计报告和竣工验收鉴定书8个文件。其中前7个文件是项目验收的基础性文件，由项目实施单位提供。而最关键的第8个文件即竣工验收鉴定书则是由项目验收委员会（或验收组）集体做出对项目的评价性、结论性文件。竣工验收鉴定书需要就整个项目的建设情况、技术性能、财务情况、档案资料、经济效益等给出综合性鉴定意见，对存在问题应如实反映并提出处理意见。项目主管部门应要求项目实施单位及时提交项目竣工验收申请，不能按期完成项目的应要求限期完成，能够组织验收的项目要及时出具项目竣工验收鉴定书。项目竣工验收通过后，所有文件资料按档案分级管理的规定，向有关档案管理部门移交，严格履行档案交接手续。

第 9 章　圆满冬奥

历经 7 年不懈努力付出，北京 2022 年冬奥会和冬残奥会圆满举办，举国关注，举世瞩目。中国人民与世界各国人民一道共创奥运盛会，共享奥林匹克荣光，展示了中国的强大、自信、包容、热情。奥运会胜利举办是国家蒸蒸日上的集中体现，向世界证明新时代的中国有能力、有热情做出更大的贡献，未来可期。在北京 2022 年冬奥会气象保障服务中，广大气象工作者心怀"国之大者"，敢于担当作为、勇于攻坚克难、甘于无私奉献，为北京 2022 年冬奥会的成功举办贡献了自己的一份力量。北京 2022 年冬奥会期间，围绕"简约、安全、精彩"的办赛目标，北京市气象局建立冬奥北京气象中心运行管理机制。与北京冬奥组委和城市运行保障指挥部等内设的 10 个工作机构紧密对接，聚焦赛事及相关活动运行，强化气象保障能力建设，实现了科技冬奥"百米级、分钟级"天气预报技术体系所有产品的落地应用和赛区"三维、秒级、多要素、多尺度"综合立体观测网稳定运行。

北京 2022 年冬奥会和冬残奥会的成功举办离不开气象服务人员背后的努力。尽管本次冬奥会面临前所未有的挑战，但是气象服务人员咬紧牙关坚持到了最后。冬奥气象科技攻关团队在国家重点研发计划"科技冬奥"、重点专项项目"冬奥会气象条件预测保障关键技术"等项目支持下，历经四年研发形成冬奥智慧气象预测保障系统，向现代气象预报技术的天花板发起挑战，自主研发多项关键技术，有效支撑北京 2022 年冬奥会对气象保障提出的"一场一策、一项一策"的高标准要求，将客观化、自动化的气象预报做到了"百米级、分钟级"。

9.1　技术的全新突破

"十三五"以来，北京市气象局聚焦北京 2022 年冬奥会气象服务保障，依托北京市气象局服务能力提升和冬奥会气象服务保障工程项目（以下简称"双提升"项目），大幅提升气象业务信息化能力和水平；以冬奥气象服务系统"北京开发、京冀互备、三地共用"集约化建设部署的工作思路，围绕京冀两地建设冬奥气象服务主备双活数据中心；加强组织管理，责任到人到岗，为冬奥气象服务全力做好通信专线建设、网络安全保障、基础资源分配、视频会商调度、统一数据服务、全流程综合监控等各项工作。

9.1.1 稳定优质的信息资源基础支撑

①冬奥北京气象中心共有104条专线实现与气象部门、政府部门等多方连接，强化网络安全管理，专线网络按气象专网、政务外网、互联网、服务专线网功能进行分区划分。依托"双提升"项目建成新的基于SDN技术的气象局域网络，实现核心100 G、上联40 G、桌面10 G的互联交换能力，满足精细化智慧气象服务、预报、预警信息发布对于基础网络的需求，为冬奥气象保障提供稳定、快速、便捷的信息支撑服务。与冬奥组委多次协商，建设连接冬奥数据中心的100 M主备专线以及冬奥赛场服务的专线和体育总局等单位的11条专线，实现北京市气象局与7个赛区服务场馆、4个冬奥城市运行服务点之间点对点100 M专线互联互通，全面满足了13类冬奥气象数据在各个节点高速高频次的传输需求，支撑了冬奥业务系统平台的访问，保障了多地多终端入网的冬奥视频会商服务。此外，在2条400 M全国气象宽带网专线基础上，京冀两地气象局新增1条200 M冬奥数据专线，实现中国气象局、京冀气象局三地之间多条线路互相备份、稳定可靠的通信连接；建设1 G的政务外网出口，为市级冬奥保障单位和专项保障指挥部提供高速稳定的网络服务；建设1.5 G的互联网出口，为冬奥组委的数据传输和冬奥赛场的移动服务提供稳定高效的网络支持。

②采用分布式数字化和云视频会议技术建设视频会商系统，形成了"专网+云端"的多网络多终端接入的高清视频会商模式，北京市气象局办公区东西区共有10个会场具备独立视频会议功能，有效满足多个会议同时召开。云视频会议可支持500个用户同时在线，方便冬奥场馆现场保障人员、气象台AB组预报员，以及管理人员参加天气会商，有效保证了中央气象台、北京、河北、各赛区赛事现场多点灵活的视频会商接入。增强视频会商运维保障力度，冬奥会期间安排8名视频保障人员24小时轮流值守，提前做好主会场组会测试和参会人员沟通，每日调度会以及重要会商会议安排3名骨干人员在现场保障调度指挥，确保天气会商和调度指挥运行正常。冬奥会期间视频会商系统召开会议100次，时长约85小时，其中云视频组织会议61次，共810人次参会。

③在综合考虑现有基础计算、存储及网络安全防护能力基础上，对于冬奥核心业务系统采取了多端部署方式。其中，冬奥核心业务系统（冬奥综合可视化系统、多维度冬奥预报系统、冬奥现场服务系统、冬奥全流程监控系统）基于京冀气象基础资源池进行部署，北京气象数据中心提供32台刀片服务器和500 T存储，以及26台实体服务器的虚拟化资源池支持冬奥业务系统部署，形成以北京为主、河北为备的互备模式。综合考虑基础资源及网络安全防护要求，提供互联网服务的冬奥气象服务系统（冬奥智慧气象APP、冬奥公众服务网站备站）部署在租用的北京市政务云，可根据用户访问情况随时进行动态扩容，并24小时全流程监控运行情况，全面满足了冬奥气象服务系统稳定、安全的业务需求。

④"睿"高性能计算系统高效运行。相比"十三五"前，高性能计算及存储资源提升了25倍左右（计算能力"十三五"前90 T，"十三五"后2390 T，存储能力

"十三五"前323 T，"十三五"后8500 T），为"百米级、分钟级"冬奥气象服务精细化预报模式运行提供了资源保障；构建"数算一体"业务方式，实现数据源、模式产品后处理以及模式产品服务的本地化、全流程处理，模式运行时效、产品服务时效及业务稳定性大幅提升。冬奥期间，完成冬奥相关作业量170815个。国家级GRAPES模式在"睿"上进行冷备，北京"睿图"短期、化学子系统模式在"派"进行冷备，形成国家级和北京本地核心模式系统同城冷备，为保障冬奥气象服务数值预报稳定运行提供有力支撑，见图9-1。

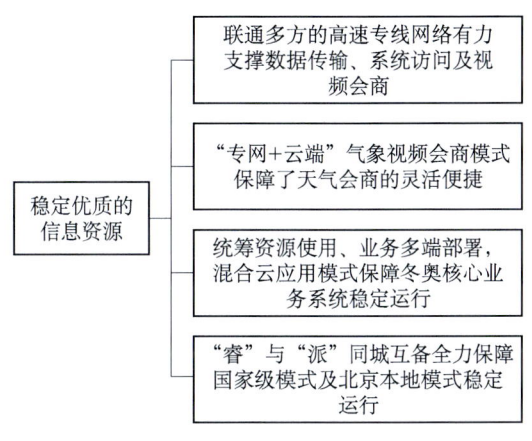

图9-1　稳定优质的信息资源

9.1.2　建设冬奥气象统一数据环境

①冬奥赛区三维立体气象观测站网数据，包括北京和延庆赛区35套冬奥自动气象站、延庆赛区19套垂直观测设备、河北40套冬奥自动气象站逐分钟数据，在中国气象局、京冀两地气象局的实时传输和共享，为开展冬奥气象研究及服务工作提供支撑。科技冬奥数据产品汇集，助力冬奥气象服务。"智慧冬奥2022天气预报示范计划"（FDP）各家模式产品、国家气象中心冬奥1~10天精细数值预报产品、气象探测中心500米及50米实况网格分析产品、国家气象信息中心1千米实况网络分析产品均在北京市气象局实现汇集、入库及服务。

②汇集中国气象局、京冀本地冬奥业务及科研冬奥数据建立的京冀主备数据中心，实时提供4类18种标准的GRPC和REST接口服务，支撑冬奥7个核心气象业务系统应用。同时根据冬奥组委及北京冬奥城市运行保障部分个性化的冬奥气象数据需求，提供个性化的冬奥气象产品服务。冬奥统一数据环境日均访问量约1000万次，数据访问请求等待时间最长不超过1秒，有效地满足了实时数据的高效服务。

③根据冬奥组委及国际奥委会对冬奥气象数据的需求，参照IOC的冬奥气象数据标准，完成了ODF及C49冬奥气象数据实时服务。现ODF及C49冬奥气象数据已向电视评论员解说系统、MYINFO信息服务系统、冬奥赛区显示大屏及世界各地订阅了

的 ODF 客户提供实时服务。这是在冬奥历史上首次实现 ODF 及 C49 冬奥气象数据从数据采集、传输、生成及发布的全流程自动化运行，体现了中国气象部门的现代化水平和信息化能力。

④实时开展冬奥观测数据质量控制，建立冬奥自动气象站观测数据的三级质控程序。每日定时对前一日冬奥地面自动气象站采集的逐 1 分钟、逐 10 分钟和逐时风向、风速、相对湿度、气温、气压、降水、能见度等气象数据进行质量控制，生成近实时质控数据集。重点对冬奥核心区风速异常数据定量分析及规律进行总结，以台站多年日均值为标准，更新风速质控算法，有效地查找出由于风杆倒伏、树枝刮风杯等导致的风速连续偏小的数据，见图 9-2。

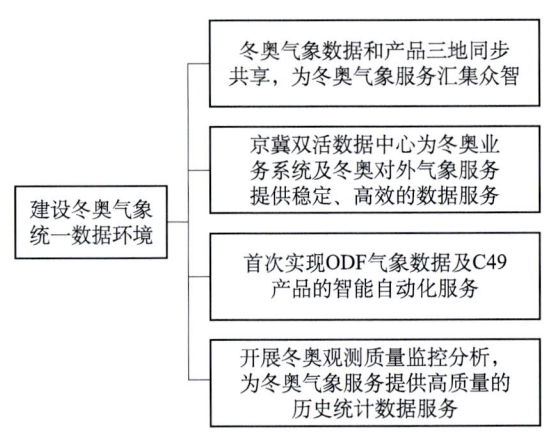

图 9-2　建设冬奥气象统一数据环境

9.1.3　创新冬奥业务系统集约化建设工作思路

①在反复调研京冀现有气象预报预测及服务业务系统的基础上，建设性提出两地合力开展冬奥业务系统建设，实现跨区域业务系统集约整合，按照"北京开发、京冀互备、三地共用"的建设方式进行冬奥核心业务系统开发。按照涵盖冬奥气象服务全流程的功能定位，确定建立冬奥多维度预报业务平台、冬奥现场气象服务系统、冬奥气象可视化系统、冬奥全流程实时监控系统、冬奥气象服务网站、冬奥智慧气象 APP、冬奥航空气象服务系统 7 个核心业务系统，系统开发均基于统一技术架构体系，统一数据支撑环境、统一部署实施、统一运维监控，有效推进了冬奥业务系统开发进程，有效保障了系统运行监控，系统功能的便捷性、灵活性等方面得到了各层用户认可。

②冬奥气象综合业务可视化系统提供冬奥赛区分钟级三维立体观测数据、百米级数值预报产品、赛区精细预报、赛区服务专报以及冬奥业务综合监控报告等综合查询显示，是冬奥预报服务人员查看气象数据资料的重要平台，系统根据预报服务人员需求持续进行多次升级，精细打磨完善交互式体验和多项功能，有效满足了冬奥现场预报服务人员的业务需求。系统同时提供给河北省气象局、国家气象中心、国家气象信

息中心以及冬奥组委等用户使用。系统日均访问量约100万次/天。

③依托冬奥气象保障服务全流程监控系统实时动态感知气象链路状态、业务状态、服务状态，增强快速响应能力，实现了对冬奥气象数据全生命周期、端到端的监控，实时资料监视的颗粒度达到分钟级、要素级。同时，基于SSH、SNMP、SMI-S等协议，实现了对服务器、存储、网络设备、数据库、中间件、容器、虚拟化等IT基础资源的监控；通过定制开发采集接口，实现了对安全态势系统、机房动力环境系统、高性能计算系统的监控数据的集成，实现了对于冬奥保障各环节的精细化统一监控，从而将监控、管理、治理三方面有机融合，全面掌握IT运行态势，及时响应和处理IT故障，为冬奥气象服务保障工作提供强有力的支撑和质量保障，见图9-3。

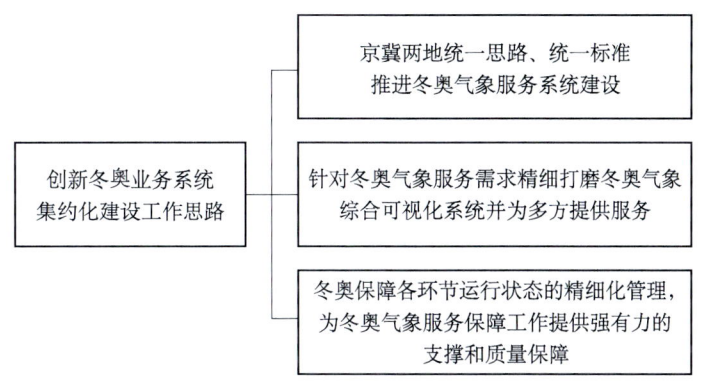

图9-3　创新冬奥业务系统集约化建设工作思路

9.1.4　严格网络安全管理和运行监控

①信息化领导小组召开冬奥网络安全专题会进行冬奥网络安全专题部署，要求各单位落实网络安全属地责任，清理资产，宣传到人，措施到位。要求承建单位按照要求开展冬奥核心业务系统等级备案工作。

②充分做好赛前准备，提高主动防御能力。配合完成中国气象局冬奥网络安全防守演练，组织开展针对冬奥业务系统的专项攻击演练，对演练中暴露的网络安全漏洞逐项进行整改，组织协调各方全面完成互联网区、专网区、政务外网区和数据核心区安全隐患排查工作，累计处置安全隐患2579起，整改弱口令285项，下发系统整改漏洞402个。升级提升天眼、天擎、NGSOC、椒图等所有安全防护设备的系统版本、特性库和病毒库，全面提升安全威胁监测、分析和处置能力，完成所有联网终端资产清理、木马病毒查杀、漏洞补丁更新等防护工作，有效提升整体病毒防护能力。启用特殊时期的零信任网络安全体系，实现市区两级单点登录和安全准入。办公西区、南区实现局域网和互联网双网分离，东区限制互联网访问。逐项清理互联网DMZ区资产清单，内网数据交换通过中转方式单向访问，有效降低了互联网攻击风险。为保证冬奥服务信息交换的安全性，在本地部署蓝信+安全移动办公平台，实现冬奥服务信息安

全加密的消息传输及文件共享。

③冬奥期间，通过部署新一代威胁感知系统（天眼）、态势感知与安全运营平台（NGSOC）、服务器安全管理系统（云锁）、终端安全管理系统（天擎），实现了网络安全的整体实时监控和分析处理。网络安全运维人员7×24小时现场值守，监控流量日志，进行日志分析，对网络安全告警信息即时研判，对可疑IP地址第一时间进行封禁处理。同时协作调配中国气象局、区气象局、河北省气象局、政务云等多方联防联控，全力为冬奥气象安全护航。协调政务云服务商提供7×24小时监控保障，并对冬奥气象服务系统开展了系统冗余备份、漏洞扫描、网页防篡改、态势感知监控等网络安全防范措施。冬奥会期间，成功防御网络攻击约80万次，全面保障了北京气象的信息网络安全，见图9-4。

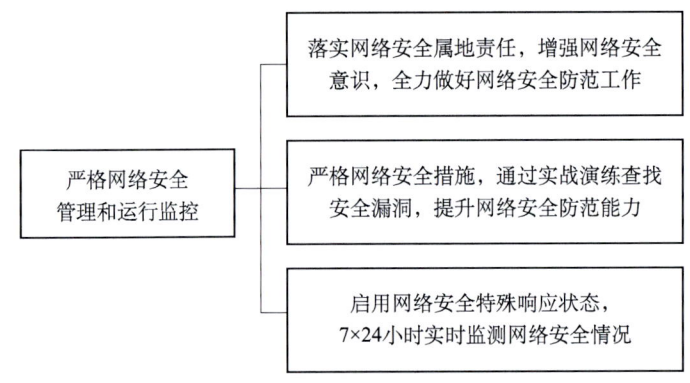

图9-4　严格网络安全管理和运行监控

此外，为了应对冬奥期间可能出现的种种情况，我们需要智慧气象信息服务系统对不同的问题有针对性的解决措施。针对冬奥会赛事需求，实现不同用户群体个性化、服务手段多元化的智慧气象服务终端，包括冬奥会冰雪项目气象服务、赛事交通气象服务、航空气象服务、环境气象服务、气象服务产品发布等功能模块。提供物联网、大数据等技术手段，智能感知不同位置、不同群体的不同需求，在冬奥会赛前、赛中、赛后，需要充分利用物联网、云计算、大数据技术，面向国内外赛事组织者、国际奥委会、运动员、裁判员、各国代表团、媒体人和现场工作人员等不同目标群体的不同需求，提供智能化、精细化、专业化、个性化的智慧服务功能模块。做好冬奥会前期的规划及气候风险分析，气象部门需要针对北京延庆赛区、张家口崇礼赛区历史的小气候条件，包括常年的降雪情况、赛道选址区域周边历史同期盛行的风向风速和能见度的情况等，赛区周边丰富的地貌、复杂的地形条件的局地气候风险做出科学评估。重点针对延庆和崇礼的赛场雪道建设提供最佳时间、所需气象条件（气温、降雪、湿度）等的选择，赛场雪道建设完成后的维护风险（如遇降水、高温等），尤其是针对我国优势项目（U型槽）的赛道建设提出风险评估指导。及时提供赛场针对气象条件高敏感项目，提供比赛具体时间是否需要提前或后延等辅助决策精细化服务。面对有可能出现自然少雪情况或者抓住有利天气时机，提前为人工储雪、增雪、造雪做好气象条件预测，提供决策服务和赛事紧急救援保障。做好交通和环境气象监测预报产品的服务，并为我国优势项目自由式滑雪空中技巧项目的国家队或种子队伍，提供运动员发挥最佳成绩的气象条件分析和预测。为赛后教练员调整方案、运动员训练、赛场运维等提供智慧化的气象服务保障。

冬奥气象服务保障直接影响到北京 2022 年冬奥会是否能够高质量地完成比赛项目。我们需要完善冬奥会气象数据服务平台支撑，满足气象服务的可监控、高可用、高性能、多元性、实时性、安全性、易用性，做好冬奥会精细化智慧气象服务。按照冬奥会赛事气象保障服务的需求，加强气象信息化建设，建立完善的气象资料处理、存储、通信与传输等基础硬件设施资源池；构建张家口赛区气象数据处理中心，利用大数据技术，建立赛区气象基础数据、资料产品、服务产品等数据资源池，提供可靠的信息化支撑环境，实现气象数据与产品的全方位共享应用；建设冬奥会赛事智慧气象专项服务系统，针对冬奥会赛事需求，实现不同用户群体个性化、服务手段多元化的智慧气象终端。基于上述我们所拥有的技术手段和优势而建设的智慧气象专项服务系统也会给我们带来足够的气象保障。

9.2　国内国际社会的认可

在举办 2008 年北京奥运会时，实时的气象跟踪为奥运顺利举办做出后方保障，精彩纷呈的消云减雨让观众拍案叫绝，更多的人也在期待着，本次冬奥会的精彩程度会不会再上一层楼。冬奥会所有的项目均与冬季有关，在冰雪上进行比赛，所以对举办城市气温有所要求，2 月的降雪量需要大于 30 厘米，且平均气温低于 0 ℃，极限气温不可低于零下 17 ℃。气温过低或过高容易影响运动员的水平，在此期间，各种天气皆有可能出现，相关的气象监测设备及气象专家极为重要。北京 2022 年冬奥会共 14 个项目，在这些项目中，无论是在雪上还是冰上进行，要求的气象条件及赛场更为苛刻，而且雪上的项目均在户外，不可控因素更多，雪橇运动惊险刺激，在比赛的时候，时速最高可达 145 千米 / 时。在滑雪比赛中，跳台滑雪更受天气影响，要求瞬时风速 3 米 / 秒，无横风，逆风有利于比赛，气温高于 -25 ℃。气象条件对冬奥会的重要一目了然。降水、气温、风速、风向、降雪、空气皆是影响赛事能否正常进行的要素，也是影响运动员们能否发挥正常水平的要素，在比赛中，裁判也会根据温度、风速、风向等判断发令时机，所以做好气象监测必不可少。

北京 2022 年冬奥会从 2022 年 2 月 4 日开始至 2 月 20 日结束，在此期间我们也曾经历了多种恶劣的天气状况，有突如其来的大风大雪，也有因为地形因素导致难以精确准时准点预测的情况，但是在气象服务人员充分的准备下，遇见的一切天气问题都迎刃而解。

案例一：突如其来的大雪

2022年2月12日至14日，北京城区、延庆，河北张家口等地出现大规模降雪。然而这一切都在国家气象部门的预料之中，每个场馆的降雪时段和量级也早已做出准确的预测，并且就此意外情况及时地做出了行之有效的措施预案，保证一切比赛项目可以安全无误地进行。

雪上项目很容易受天气影响，特别是北京2022年冬奥会延庆赛区举办高山滑雪项目，对天气预报的要求更加严苛。北京2022年冬奥会延庆赛区建成"三维、秒级、多要素"的冬奥气象监测网络，建立"分钟级、百米级"冬奥预报服务系统，实现了延庆赛区100米分辨率、10分钟跟进循环，可模拟近百个天气形势下延庆赛场三维气象高清模拟数据集，做到0～10天无缝隙实时预报预警。

国家冬季两项中心场馆主任戎均文说：

> 对于13日的降雪过程，你们气象预报得很准，水平很高，能够摸清"老天爷"的脾气，我们就需要你们这样的准确服务。

在北京赛区，2月10日下午，冬奥组委体育部就与冬奥气象中心召开首钢滑雪大跳台气象服务专题会，重点研讨12日至14日降雪过程对赛区的影响。**北京奥组委体育部副部长、竞赛指挥组执行组长王艳霞**对冬奥气象保障工作给予肯定和感谢。2月13日，首钢大跳台现场服务团队针对13日降雪、14日冷空气天气过程，实时更新精准预报，向外国团队提供纸质预报产品并做出重点标注，受到竞赛长的赞扬；同日对国内外的工作人员开展了满意度调查，调查结果普遍为"很满意"，国际雪联技术代表用amazing、helpful 和 professional 评价气象工作和气象团队。

案例二：百米级分钟级预报

2022年2月6日，原定于11时开始的高山滑雪男子滑降比赛因天气原因推迟至2月7日12时举行，期间预报团队逐小时研判风速变化，及时通报天气情况。2月7日，延庆气象团队继续加强气象联动会商，严密监视天气动向，持续提供精准的气象服务，良好的气象条件确保了高山滑雪男子滑降比赛于12时如期举行，当日所有比赛均顺利完成。本届冬奥会高山滑雪主裁判马库斯·瓦尔德纳对延庆赛区专业、精准的气象服务给予充分肯定。

北京延庆区委副书记黄克瀛在"北京冬奥会场馆服务保障"专题新闻发布会上表示，为做好冬奥气象服务保障，延庆赛区成立了由49人组成的冬奥会气象服务保障分中心，进行全方位的气象服务保障。黄克瀛表示，延庆赛区还建成了"三维、秒级、多要素"的冬奥气象监测网络，通过自动气象站、天气雷达、微波辐射计等探测设备，提供了覆盖赛区及周边的天气实时监测数据，为冬奥赛事和城市运行提供了重要的监测数据基础。为做到精准预报，我们还在核心区建立多个气象观测点位，其中最高的观测点海拔达到2198米。

> 新闻频道 > 科技新闻
>
> **气象部门研发出多个预报产品 赛事天气预报实现百米级分钟级**
>
> 来源：北京青年报 | 2022年01月30日 04:11:58
> 原标题：赛事天气预报实现百米级分钟级
>
> 中国气象局昨天举行2022年2月新闻发布会。北京青年报记者从现场获悉，气象部门加强科技攻关和观测、预报、服务等能力建设，研究精细化赛事预报预警技术，研发出多个预报产品，在气象科技方面实现多项零的突破，为北京冬奥会的成功举办提供气象保障。其中，气象部门首次实现了"百米级、分钟级"业务天气预报能力，并建立了预报服务系统。
>
> **冬奥会气象服务保障**
>
> **面临气候条件的考验**
>
> 据冬奥首席气象官、北京市气象局副局长曲晓波介绍，就气象条件而言，北京冬奥会是第一次在大陆性冬季季风气候条件下举办的冬奥会，寒冷、大风、干燥、降水少、温度变化大等大陆性冬季季风气候特点对北京冬奥会的气象服务保障提出严峻考验。纵观历届冬奥会气象服务保障，国际上并没有成熟的、完全适用于北京冬奥会的可移植技术方案。因此，北京冬奥会气象服务保障挑战大、科技攻关难度高，很多技术可以说是从零起步。

9.3 结语

北京2022年冬奥会期间，在3个赛区经历大风、骤雪、降温等天气的情况下，气象服务团队以精细的技术和服务，全力保障赛事举办。为了确保冬奥会顺利举办，3个赛区建成441套现代立体观测设施，加上各类天气雷达、气象卫星，以及人工智能等新技术方法，将这张观天"网"不断织密，有效支撑了冬奥气象预报服务团队提前24小时开展精细气象决策服务和外围保障气象服务。中国气象局还构建起冬奥智能化气象服务体系，通过官方网站、APP等多种渠道，面向交通、观赛、应急救援等发布多种形式的专项气象服务和数据产品。北京2022年冬奥会开幕以来，中国气象局领导深入一线指导工作，国家级业务单位、相关省级气象部门高频次联动，气象服务保障团队与赛事主办方、国际雪联、场馆运维团队等密切配合，与科研院所、高校、相关滑雪行业企业合作科研攻关，形成合力。目前，我国"科技冬奥"项目已被纳入世界气象组织高影响天气预报示范项目，今后将持续发挥效益，为国际高影响天气预报技术研发和应用提供经验。

2019年12月，习近平总书记在新中国气象事业70周年之际作出重要指示，强调气象工作关系生命安全、生产发展、生活富裕、生态良好，做好气象工作意义重大、责任重大。2022年4月28日，国务院印发了《气象高质量发展纲要（2022—2035年）》

（国发〔2022〕11号）。纲要指出，"气象事业是科技型、基础性、先导性社会公益事业"。气象事业发展事关防灾减灾、农业农村发展、气候变化研究、碳达峰碳中和、生态文明建设和新能源利用等人民生产生活的方方面面。在加强气象基础能力建设方面，气象信息化建设的重要性和紧迫性也日益凸显。

当今世界，信息技术创新日新月异，以数字化、网络化、智能化为特征的信息化浪潮蓬勃兴起。习近平总书记说过："没有信息化就没有现代化。"在云计算、物联网、移动互联、大数据、人工智能等新技术的推动下，我国信息化取得长足进展。

在"十四五"开局之年，中国气象局党组准确识变、乘势而上，确立以信息化推进传统气象业务向智能数字气象新业态转型发展、以信息化驱动现代化的发展目标，为新发展阶段气象信息高质量发展指明了方向。一方面，坚持稳中求进、守正创新。从解决数据支撑环境分散建设、国省气象部门及各业务系统间数据不一致、数据权威性无法保证的问题，到探索破解数据供应不足、交换传输不灵活、存储服务不够高效等难题，整合气象数据资源、发挥更大数据效益这个方向没有变，但气象信息化这条路始终在"提质增效"。另一方面，注重放眼全球、立足当下。全球人工智能、大数据、物联网、区块链等前沿与气象的深度融合应用，极大地提高了气象监测预报服务的能力和水平，也为气象业务升级带来了新机遇。当下，世界气象组织（WMO）推动地球系统框架下"天气、气候、水和环境+影响"的无缝隙气象业务转型，信息化发展也迈入以"集约""治理"和"效能"为主要特征的高质量发展时代。

本次冬奥气象服务只是我们万里长征的第一步，在今后的各大赛事以及居民的日常生活中我们依旧会默默贡献自己的绵薄之力，为一切工作的顺利进行保驾护航。